10	11	12	13	14	15	16	17	18	族

周期

JN059928

| 金属元素 |
| 非金属元素 |

金属元素と非金属元素の境界にある元素は，両方の性質をあわせもっている。

1

2He
ヘリウム
Helium
4.003

2

5B
ホウ素
Boron
10.81

6C
炭素
Carbon
12.01

7N
窒素
Nitrogen
14.01

8O
酸素
Oxygen
16.00

9F
フッ素
Fluorine
19.00

10Ne
ネオン
Neon
20.18

3

13Al
アルミニウム
Aluminium
26.98

14Si
ケイ素
Silicon
28.09

15P
リン
Phosphorus
30.97

16S
硫黄
Sulfur
32.07

17Cl
塩素
Chlorine
35.45

18Ar
アルゴン
Argon
39.95

4

28Ni
ニッケル
Nickel
58.69

29Cu
銅
Copper
63.55

30Zn
亜鉛
Zinc
65.38

31Ga
ガリウム
Gallium
69.72

32Ge
ゲルマニウム
Germanium
72.63

33As
ヒ素
Arsenic
74.92

34Se
セレン
Selenium
78.97

35Br
臭素
Bromine
79.90

36Kr
クリプトン
Krypton
83.80

5

46Pd
パラジウム
Palladium
106.4

47Ag
銀
Silver
107.9

48Cd
カドミウム
Cadmium
112.4

49In
インジウム
Indium
114.8

50Sn
スズ
Tin
118.7

51Sb
アンチモン
Antimony
121.8

52Te
テルル
Tellurium
127.6

53I
ヨウ素
Iodine
126.9

54Xe
キセノン
Xenon
131.3

6

78Pt
白金
Platinum
195.1

79Au
金
Gold
197.0

80Hg
水銀
Mercury
200.6

81Tl
タリウム
Thallium
204.4

82Pb
鉛
Lead
207.2

83Bi
ビスマス
Bismuth
209.0

84Po
ポロニウム
Polonium
[210]

85At
アスタチン
Astatine
[210]

86Rn
ラドン
Radon
[222]

7

110Ds
ダームスタチウム
Darmstadtium
[281]

111Rg
レントゲニウム
Roentgenium
[280]

112Cn
コペルニシウム
Copernicium
[285]

113Nh
ニホニウム
Nihonium
[278]

114Fl
フレロビウム
Flerovium
[289]

115Mc
モスコビウム
Moscovium
[289]

116Lv
リバモリウム
Livermorium
[293]

117Ts
テネシン
Tennessine
[293]

118Og
オガネソン
Oganesson
[294]

ハロゲン

貴ガス（希ガス）

典型元素

63Eu
ユウロピウム
Europium
152.0

64Gd
ガドリニウム
Gadolinium
157.3

65Tb
テルビウム
Terbium
158.9

66Dy
ジスプロシウム
Dysprosium
162.5

67Ho
ホルミウム
Holmium
164.9

68Er
エルビウム
Erbium
167.3

69Tm
ツリウム
Thulium
168.9

70Yb
イッテルビウム
Ytterbium
173.0

71Lu
ルテチウム
Lutetium
175.0

95Am
アメリシウム
Americium
[243]

96Cm
キュリウム
Curium
[247]

97Bk
バークリウム
Berkelium
[247]

98Cf
カリホルニウム
Californium
[252]

99Es
アインスタイニウム
Einsteinium
[252]

100Fm
フェルミウム
Fermium
[257]

101Md
メンデレビウム
Mendelevium
[258]

102No
ノーベリウム
Nobelium
[259]

103Lr
ローレンシウム
Lawrencium
[262]

本書の使い方

　本書は実教出版の教科書『化学基礎』(化基 704)に準拠したノート教材です。穴埋め式で学習内容を整理できるようにしました。また，使用者自らがメモや気付きを書き込めるよう，スペースを多く残しています。

もくじ

Contents

1　物質の分類と性質　p.16〜21

月　　日　　検印欄

A　物質の分類

◇純物質と混合物

身近にある純物質と混合物の例をあげてみよう。

1＿＿＿＿＿：1種類の物質からなる　［例］2＿＿＿＿＿

3＿＿＿＿＿：2種類以上の純物質が混じりあっている　［例］4＿＿＿＿＿

※ 身のまわりの多くの物質は5＿＿＿＿＿である。

問 1　純物質6＿＿＿＿＿　混合物7＿＿＿＿＿

◇純物質と混合物の性質

純物質：融点・沸点・密度などが8＿＿＿＿＿

混合物：融点・沸点・密度などが9＿＿＿＿＿

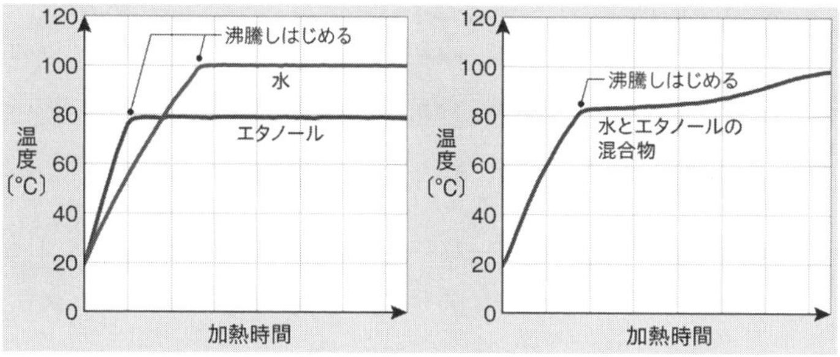
120
100
80
60
40
20
0
温度〔℃〕
沸騰しはじめる
水
エタノール
加熱時間
沸騰しはじめる
水とエタノールの混合物
加熱時間

「純物質は固有の沸点を示す」ということは，教科書p.17図2左のグラフのどこから読み取れるか説明してみよう。

B　純物質を取り出す方法

◇分離と精製

10＿＿＿＿＿：物質の性質の違いを利用して，混合物から目的の物質を取り出す操作

11＿＿＿＿＿：物質から不純物を除き，純度を高める操作

［分離・精製法］

12＿＿＿＿＿：液体とその液体に溶けない固体を分離する操作

→粒子の大きさの差を利用

イメージ図を描いてみよう

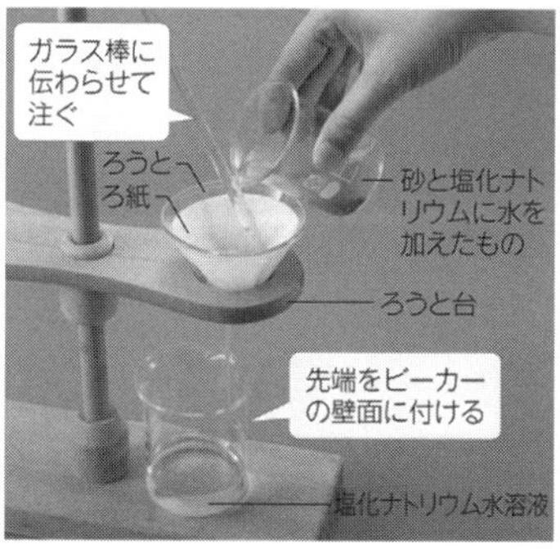
ガラス棒に伝わらせて注ぐ
ろうと
ろ紙
砂と塩化ナトリウムに水を加えたもの
ろうと台
先端をビーカーの壁面に付ける
塩化ナトリウム水溶液

ろ過を行う物質を，ガラス棒に伝わらせて注ぐのはなぜか。

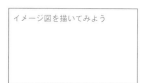

ろ過は，日常生活のどのような場面で利用されているだろうか。

13＿＿＿＿＿＿＿：蒸発しにくい物質と蒸発しやすい物質を分離する操作

　→14＿＿＿＿＿＿＿の差を利用

2種類以上の液体の混合物を成分ごとに分ける操作：15＿＿＿＿＿＿＿

温度計の球部を

16＿＿＿＿＿＿＿＿＿

に合わせる

冷却水は，

19＿＿＿＿＿＿＿＿＿流す

20＿＿＿＿＿＿＿＿＿＿

17＿＿＿＿＿＿＿＿＿

21＿＿＿＿＿＿＿＿＿＿

突沸を防ぐため，

18＿＿＿＿＿＿を入れる

引火しやすい液体は，
水浴か油浴にする

💡 温度計の球部を枝付きフラスコの枝
　付近の高さに合わせるのはなぜか。

💡 リービッヒ冷却器の冷却水は，なぜ
　下から上へ流すのか。

22＿＿＿＿＿＿＿：不純物が混じった固体を高温の溶媒に溶かし，
　　　　　　　　冷却することで純度の高い結晶を得る操作

　→温度による 23＿＿＿＿＿＿＿＿の差を利用

イメージ図を描いてみよう

24＿＿＿＿＿＿＿：溶媒に目的の物質を溶かし出して分離する操作

　→物質の溶媒への溶けやすさの違いを利用

イメージ図を描いてみよう

25＿＿＿＿＿＿＿：昇華しやすい物質と，昇華しにくい物質を分離
　　　　　　　　する操作

　→固体から直接 26＿＿＿＿＿＿＿になる性質を利用

イメージ図を描いてみよう

27＿＿＿＿＿＿＿＿＿＿＿＿＿

　：吸着剤に吸着されやすい物質とされにくい物質を分離する操作

　→吸着剤に対する移動速度の違いを利用

イメージ図を描いてみよう

2 物質と元素　p.22〜25

月　　日

検印欄

◤A◢ 元素

1＿＿＿＿＿＿＿：物質を構成する基本的な成分

　　　　　約 2＿＿＿＿種類が知られている

3＿＿＿＿＿＿＿＿：元素の種類を表す記号

　　　アルファベットの大文字１字

　　　または，大文字１字＋小文字１字　で示す

元素記号の書き方

H 　１字のときは大文字で書く。
　　読み方：エイチ

Na 　２字のときは大文字＋小文字で書く。
　　読み方：エヌエー

×na 　１文字目は大文字で

×NA 　２文字目は小文字で

◤B◢ 単体と化合物

4＿＿＿＿＿＿：１種類の元素からなる純物質　　［例］5＿＿＿＿＿＿＿＿＿＿＿＿＿＿＿＿＿

6＿＿＿＿＿＿：２種類以上の元素からなる純物質　［例］7＿＿＿＿＿＿＿＿＿＿＿＿＿＿＿＿＿

物質			
8（　　　　）	9（　　　　　　　）		
	10（　　　　　　　）	11（　　　　　　　）	12（　　　　　　　）
塩化ナトリウム水溶液 →分離→	水 H_2O →分解→	水素 H_2 ┄┄	水素 H
		酸素 O_2 ┄┄	酸素 O
	塩化ナトリウム NaCl →分解→	ナトリウム Na ┄┄	ナトリウム Na
		塩素 Cl_2 ┄┄	塩素 Cl

💡 身のまわりにある，単体と化合物の例をあげてみよう。

問 **2**　混合物 13＿＿＿＿＿＿＿＿＿＿＿＿＿＿＿＿＿＿＿＿＿＿＿＿＿＿＿＿＿＿

　　　　単　体 14＿＿＿＿＿＿＿＿＿＿＿＿＿＿＿＿＿＿＿＿＿＿＿＿＿＿＿＿＿＿

　　　　化合物 15＿＿＿＿＿＿＿＿＿＿＿＿＿＿＿＿＿＿＿＿＿＿＿＿＿＿＿＿＿＿

問 **3**　⑴ 16＿＿＿＿＿　　　　⑵ 17＿＿＿＿＿

◇同素体

18＿＿＿＿＿＿＿＿＿：同じ元素からなる単体で，性質の異なるものどうし

炭素 C の同素体：	酸素 O の同素体：	硫黄 S の同素体：	リン P の同素体：
19＿＿＿＿＿＿＿＿＿	22＿＿＿＿＿＿＿＿＿	24＿＿＿＿＿＿＿＿＿	27＿＿＿＿＿＿＿＿＿
20＿＿＿＿＿＿＿＿＿	23＿＿＿＿＿＿＿＿＿	25＿＿＿＿＿＿＿＿＿	28＿＿＿＿＿＿＿＿＿
21＿＿＿＿＿＿＿＿＿		26＿＿＿＿＿＿＿＿＿	
カーボンナノチューブ			

💡 鉛筆の芯は，黒鉛（グラファイト）と粘土からつくられている。
紙に鉛筆で字が書けるのはなぜか。教科書 p.23 図 12 に示され
た黒鉛の性質にもとづいて考えてみよう。

問 **4**　29＿＿＿＿＿＿＿＿＿　　💡 問 4 で，同素体ではないと判断
した理由を，同素体の定義をふま
えて説明してみよう。

◣ C ◢　成分元素の検出

単体や化合物に含まれる元素の種類を調べるには，それぞれの元素に特有な性質を利用する。

◇炎色反応による検出

30＿＿＿＿＿＿＿＿＿：特定の元素を含む化合物を炎に入れると，その元素に特有の色を示す現象

リチウム Li　：31＿＿＿＿＿色	ナトリウム Na：32＿＿＿＿＿色
カリウム K　：33＿＿＿＿＿色	カルシウム Ca：34＿＿＿＿＿色
ストロンチウム Sr：35＿＿＿＿＿色	バリウム Ba　：36＿＿＿＿＿色
銅 Cu　　　：37＿＿＿＿＿色	

◇沈殿による検出

38＿＿＿＿＿＿＿＿＿：化学反応などによって生じる溶媒に溶けない固体

薬品を加えて沈殿が生じることを利用して，成分元素を検出することができる

【炭素の検出】

大理石に塩酸 HCl を加える

💡 二酸化炭素 CO_2 の発生を確認すること
が，酸素 O ではなく炭素 C の検出と考え
るのはなぜか。

→39＿＿＿＿＿＿＿＿＿が発生し，石灰水が白く濁る

（炭酸カルシウム $CaCO_3$ の沈殿）

※ 大理石には，40＿＿＿＿＿＿＿＿＿が含まれていることがわかる

💡 ふたまた試験管のくびれ（へこみ）がある
管に固体試薬を入れるのはなぜか。

【塩素の検出】

塩化ナトリウム水溶液に硝酸銀水溶液を加える

→41＿＿＿＿＿＿＿＿＿の白色沈殿が生じる

※ 塩化ナトリウムには，42＿＿＿＿＿＿＿＿＿が含まれていることがわかる

問 **5**　(1) 43＿＿＿＿＿＿＿＿＿　　(2) 44＿＿＿＿＿＿＿＿＿

3 物質の三態と熱運動 p.27〜29

月　　日　　　　検印欄

A 熱運動

◇拡散

1_____：物質が空間中を自然に広がる現象

気体どうしや液体どうしの混合，液体にほかの物質
を溶かしたときに起こる

◇熱運動

2_____：熱エネルギーによって起こる粒子の不規則な運動 → 拡散の要因

温度が高いほど熱エネルギーが大きい → 粒子の熱運動も 3_____

💡 日常生活における拡散の例をあげてみよう。

低温　　　　高温

B 状態変化

◇物質の三態と状態変化

三態：物質の状態(固体・液体・気体)のこと

→自然界の物質は，このいずれかで存在している

4_____：温度や圧力が変化したときに起こる状態(固体・液体・気体)の変化

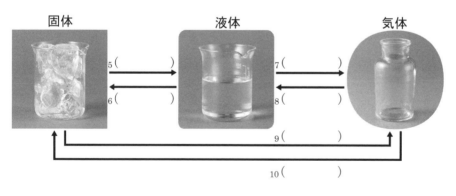

固体　　　　　　液体　　　　　　気体

5（　　　）　　7（　　　）
6（　　　）　　8（　　　）
9（　　　）
10（　　　）

💡 昇華する性質があるド
ライアイスは，食品の保
冷剤などに利用される。
氷を保冷剤として利用
する場合と比べてどの
ような利点があるだろ
うか。

◇物理変化と化学変化

11_____：物質の種類は変化せず，物質の状態だけが変化する現象

［例］氷(H_2O)がとけて水(H_2O)になる。

12_____：物質の構成原子が組み変わり，別の物質に変わる現象

［例］水(H_2O)を電気分解すると，水素(H_2)と酸素(O_2)になる。

◇状態変化と熱運動

物質の状態変化 ＝ 粒子の集合状態の変化

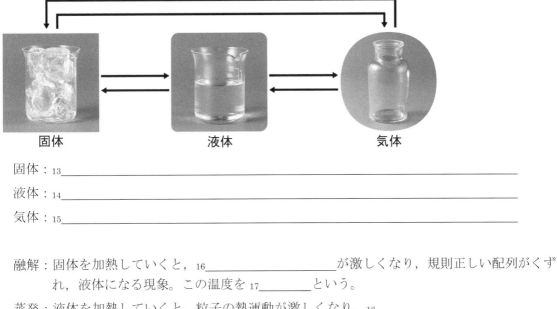

固体　液体　気体

固体：13_____

液体：14_____

気体：15_____

融解：固体を加熱していくと，16_____が激しくなり，規則正しい配列がくず
　　　れ，液体になる現象。この温度を 17_____という。

蒸発：液体を加熱していくと，粒子の熱運動が激しくなり，18_____
　　　_____気体になる現象。

沸騰：19_____蒸発が起こる現象。この温度を 20_____という。

○氷に一定の熱を加えていったときの温度変化

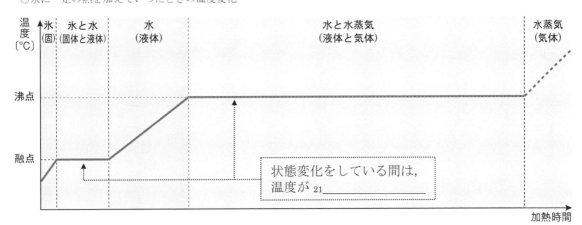

💡 低温では気体であり，高温にすると固体になるという物質はない。これはなぜか。

💡 蒸発と沸騰の違いを説明してみよう。

●Memo●

●Memo●

▶1 原子の構造　p.30〜37　　　　　月　　日　　検印欄

▰ A ▰ 原子とその構造

◇原子

1＿＿＿＿＿＿：物質を構成するきわめて小さい粒子

◇原子の構造

・原子の中心には，正の電荷をもつ 2＿＿＿＿＿＿ がある

　　　　　　　　　　　　→3＿＿＿＿＿ と 4＿＿＿＿＿ からできている

・原子核のまわりを，負の電荷をもつ 5＿＿＿＿＿ が取りまいている

陽子・中性子・電子を書き込んで，He の原子モデルを完成させよう。

He 原子の原子モデル

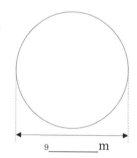

9＿＿＿＿＿ m

➕ 6＿＿＿＿＿＿：正の電荷をもつ
　　　元素によって数が決まっている

⚫ 7＿＿＿＿＿＿：電荷をもたない

➖ 8＿＿＿＿＿：負の電荷をもつ

💡 He の原子核の直径を自分の周囲 1 m に拡大したとき，He 原子の大きさはどれくらいになるだろうか。計算してみよう。

	質量〔g〕	質量の比	電荷の比
陽子	$1.673×10^{-24}$	1	＋1
中性子	$1.675×10^{-24}$	10	11
電子	$9.109×10^{-28}$	12	13

・陽子1個の正電荷と電子1個の負電荷の絶対値は等しい＝原子は電荷を 14＿＿＿＿＿＿＿＿

◇原子番号・質量数

15＿＿＿＿＿＿＿：原子核中の陽子の数によって決まる，元素の種類を表す番号

💡 原子番号と電子の数が等しくなるのはなぜか。

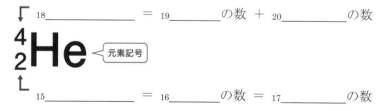

↱ 18＿＿＿＿＿＿ ＝ 19＿＿＿＿＿ の数 ＋ 20＿＿＿＿＿＿ の数

$^4_2$He ─〔元素記号〕

↳ 15＿＿＿＿＿＿＿ ＝ 16＿＿＿＿＿ の数 ＝ 17＿＿＿＿＿＿ の数

※ 電子の質量は，陽子や中性子の質量に比べてはるかに小さいので無視できる

問 **1**　(1)　陽子 21_____　　　中性子 22_____　　　電子 23_____

　　　(2)　陽子 24_____　　　中性子 25_____　　　電子 26_____

　　　(3)　陽子 27_____　　　中性子 28_____　　　電子 29_____

◤ B ◢ 同位体

30_____：同じ元素の原子で，原子核中の 31_____ の数が異なるもの

（＝ 32_____）

【同位体の性質】

・天然の存在比は，物質の種類・場所に関係なく一定

・化学的性質はほぼ同じ

　［例］水素の同位体

同位体	$^{1}_{1}\text{H}$	$^{2}_{1}\text{H}$	$^{3}_{1}\text{H}$
陽子の数	33	37	41
中性子の数	34	38	42
質量数	35	39	43
電子の数	36	40	44
存在比〔%〕	99.9885	0.0115	極微量

45_____：原子核が不安定で，時間経過とともに放射線を放出して別の原子に変わるもの

　（＝ 46_____）

放射線を出す性質：47_____

放射線	実体	電荷	放射線放出後の原子
α 線	$^{4}_{2}\text{He}$ の原子核	＋	原子番号 － 2　質量数 － 4
β 線	電子	－	原子番号 ＋ 1　質量数 ± 0
γ 線	電磁波	なし	原子番号 ± 0　質量数 ± 0

48_____：放射性同位体が別の原子に変化して，もとの半分の量になるまでの期間

　［例］ ^{131}I：8 日　　^{134}Cs：2 年　　^{3}H：12 年　　^{14}C：5730 年

問 **2**　49_____個

◤C◢ 電子殻と電子配置

50_____：原子核のまわりにある，電子が存在する層

電子殻に入ることができる電子の数の最大数は
決まっている

●—— 電子殻のよび方

56（　）殻
55（　）殻
54（　）殻
53（　）殻

51_____：電子殻への電子の入り方

原則として，原子核に近い 52_____殻から順に入る

—— 原子核

57（　）
58（　）
59（　）
60（　）

原子番号⑪**Na**

K殻
L殻
M殻

11+

Naの電子配置

原子番号⑰**Cl**

K殻
L殻
M殻

17+

Clの電子配置

●
それぞれの電子殻に入る
ことができる電子の数

問 **3**　(1) $_6$C ：K（61_____）　L（62_____）

(2) $_{11}$Na：K（63_____）　L（64_____）　M（65_____）

(3) $_{16}$S ：K（66_____）　L（67_____）　M（68_____）

69_____：電子が入っている電子殻の中で，最も外側の電子殻にある電子

最外殻電子が 1～7 個のとき，化学反応に重要なはたらきをするので 70_____とよぶ

問 **4**　(1) 71_____個　　(2) 72_____個　　(3) 73_____個

◇貴ガス

74＿＿＿＿＿＿＿：安定で，ほかの原子と反応しにくい元素

空気中に微量に存在する

［例］He，Ne，Ar，Kr，Xe，Rn

75＿＿＿＿＿＿＿＿＿＿：原子1個で分子のようにふるまうもの

貴ガスの電子配置

元素名	元素記号	電子の数			
		K殻	L殻	M殻	N殻
ヘリウム	$_2$He	76			
ネオン	$_{10}$Ne	77	78		
アルゴン	$_{18}$Ar	79	80	81	
クリプトン	$_{36}$Kr	82	83	84	85

💡 ヘリウムだけ最外殻電子の数がほかの貴ガスと異なるのはなぜだろうか。

💡 教科書 p.35 図10 は，原子番号1から20までの原子の電子配置を整理している。図の縦の列に並ぶ原子の電子配置にはどのような共通点があるだろうか。

下の図に価電子をそれぞれ赤で書き込もう。（それ以外の電子はグレーで示されている。）

族	1	2	13	14	15	16	17	18
周期								
1	$_1$H		電子殻 $n+$ 原子核（n は陽子数）					$_2$He
2	$_3$Li	$_4$Be	$_5$B	$_6$C	$_7$N	$_8$O	$_9$F	$_{10}$Ne
3	$_{11}$Na	$_{12}$Mg	$_{13}$Al	$_{14}$Si	$_{15}$P	$_{16}$S	$_{17}$Cl	$_{18}$Ar
4	$_{19}$K	$_{20}$Ca						
価電子（最外殻電子）の数	1 (1)	2 (2)	3 (3)	4 (4)	5 (5)	6 (6)	7 (7)	0 (2 または 8)

2 イオンの生成　　　p.38〜41　　　　　　月　　　日

◤A◢ イオンの生成

◇イオン

1＿＿＿＿＿＿＿＿：電荷をもったもの ｛ 原子　→　単原子イオン
原子の集まり　→　多原子イオン

正の電荷をもつイオン：2＿＿＿＿＿＿＿＿＿　　　　負の電荷をもつイオン：3＿＿＿＿＿＿＿＿＿

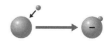

◇イオンの生成

貴ガス以外の原子は，原子番号の近い 4＿＿＿＿＿＿＿＿と同じ電子配置になる傾向がある

・価電子が少ない(1〜2個)原子は，電子を放出して 5＿＿＿＿＿＿＿＿になりやすい

・価電子が多い(6〜7個)の原子は，電子を受け取って 6＿＿＿＿＿＿＿になりやすい

ナトリウム原子がナトリウムイオンになるときのようすを書いてみよう。

Na
ナトリウム

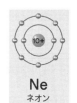

Ne
ネオン

塩素原子が塩化物イオンになるときのようすを書いてみよう。

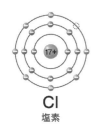

Cl
塩素

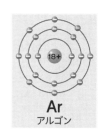

Ar
アルゴン

◇イオンの表し方

価数が 1 のときは

7_____

↓

Mg^{2+}

8_____

↓

Cl^-

原子の数は 9_____につける

$SO_4{}^{2-}$

｛この場合は,
S原子1個とO原子4個が集まって,
全体で電子を2個受け取った陰イオン｝

◇イオンの名称

単原子の陽イオンの名称は，10_____

　例：Mg マグネシウム → Mg^{2+}：11_____

　　　Al アルミニウム　→　Al^{3+}：12_____

単原子の陰イオンの名称は，13_____

　例：Cl 塩素　→ Cl^-：14_____

　　　F フッ素 → F^-：15_____

下の表にイオンの化学式を書き込もう。

価数	陽イオン	化学式	陰イオン	化学式
1価	水素イオン	16	フッ化物イオン	20
	ナトリウムイオン	17	塩化物イオン	21
	カリウムイオン	18	水酸化物イオン	22
	アンモニウムイオン	19	硝酸イオン	23
2価	カルシウムイオン	24	酸化物イオン	27
	鉄（Ⅱ）イオン	25	硫酸イオン	28
	銅（Ⅱ）イオン	26	炭酸イオン	29
3価	アルミニウムイオン	30	リン酸イオン	32
	鉄（Ⅲ）イオン	31		

問 5　(1) 33_____・_____　　(2) 34_____・_____

　　　(3) 35_____・_____　　(4) 36_____・_____

💡 カルシウムイオンと酸化物イオンは，それぞれどの貴ガス原子と同じ電子配置になるだろうか。

▰ B ▰ イオンになるために必要なエネルギー

37_____ :

原子の最外殻から１個の電子を取り去って，１価の陽イオンにするために必要なエネルギー

この値が小さい原子ほど 38_____になりやすい

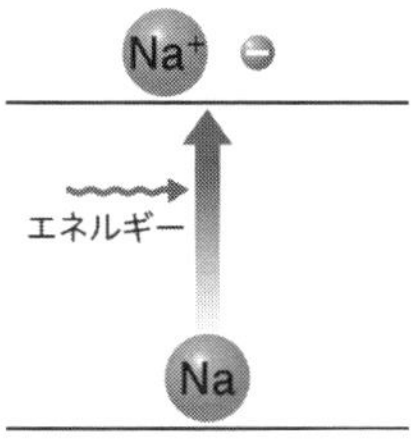

Na⁺ ⊖

エネルギー →

Na

💡 イオン化エネルギーは，アルカリ金属では小さく，貴ガスでは大きい。これはなぜか。電子配置と関連付けて考えてみよう。

陽イオンに

39_____

大

He
Ne
F
Ar
N O Cl Kr
H C P S Br Xe
Be B Si Ge As Se I
Li Mg Al Sn Sb Te
Na Ca Ga In
K Sr
Rb

陽イオンに

40_____

小

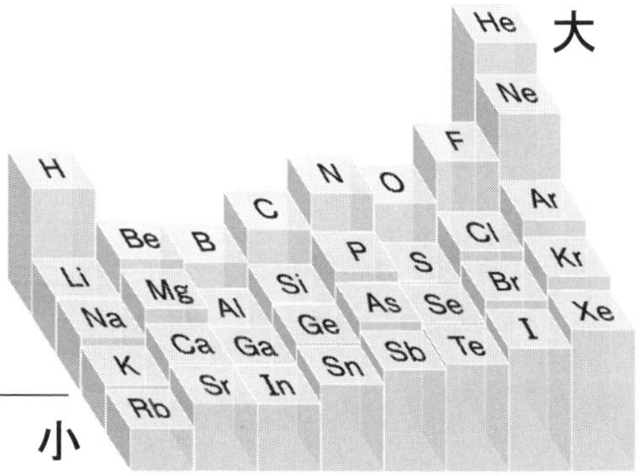

41_____ :

原子が１個の電子を受け取って，１価の陰イオンになるときに放出するエネルギー

この値が大きい原子ほど 42_____になりやすい

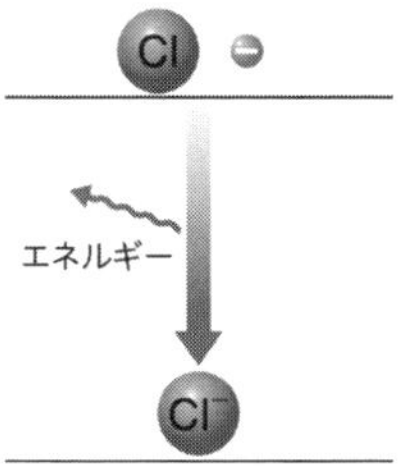

Cl ⊖

エネルギー

Cl⁻

💡 ハロゲンの電子親和力が大きいのはなぜか。電子配置と関連付けて考えてみよう。

陰イオンに

43_____

大

F
Cl
Br
S I
C Se
Si Te
H B Ge As
Li Al Sn Sb
Na Be
K Mg Ga
Rb Ca In
Sr Kr
Xe

陰イオンに

44_____

小

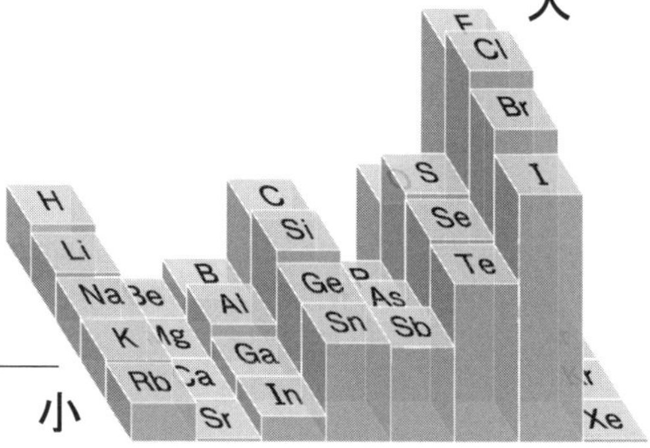

トレーニング

1 **イオンの化学式** 次のイオンの化学式を答えよ。

(1) 水素イオン ：_____　　(2) リチウムイオン ：_____

(3) 酸化物イオン ：_____　　(4) カルシウムイオン ：_____

(5) 塩化物イオン ：_____　　(6) アンモニウムイオン：_____

(7) 水酸化物イオン：_____　　(8) 硫酸イオン ：_____

2 **イオンの名称** 次のイオンの名称を答えよ。

(1) K^+ ：_____　　(2) S^{2-} ：_____

(3) Ba^{2+} ：_____　　(4) Fe^{2+} ：_____

(5) Fe^{3+} ：_____　　(6) Cu^{2+} ：_____

(7) OH^- ：_____　　(8) $NO_3{}^-$ ：_____

(9) $PO_4{}^{3-}$ ：_____

3 **イオンの構成粒子** 次のイオンに含まれる陽子・中性子・電子の数を答えよ。

(1) $^{26}_{12}Mg^{2+}$ ： 陽子_____個　　中性子：_____個　　電子：_____個

(2) $^{19}_{9}F^-$ ： 陽子_____個　　中性子：_____個　　電子：_____個

(3) $^{27}_{13}Al^{3+}$ ： 陽子_____個　　中性子：_____個　　電子：_____個

4 **イオン** 次のイオンの化学式を答えよ。

(1) 電子の数が 10 個の 1 価の陽イオン ：_____

(2) アルゴンと同じ電子配置をもつ，2 価の陰イオン ：_____

(3) Na^+と同じ電子配置をもつ，1 価の陰イオン ：_____

3 元素の周期表　p.42〜45

月　　日

検印欄

◤A◢ 周期表

◇元素の周期律

元素の 1_____：元素を原子番号順に並べたときに，性質のよく似た元素が周期的に現れること

ロシアの 2_____が発見

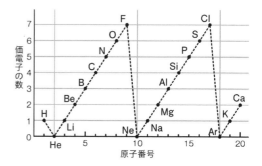

周期律は，原子番号の増加にともなって，価電子の数が周期的に変化するために現れる

周期律を示す元素の性質：

3_____

_____

💡 アルカリ金属，アルカリ土類金属，ハロゲン，貴ガスにそれぞれ印をつけ，周期律を確認してみよう。

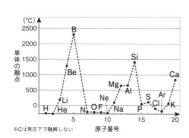

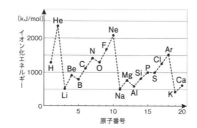

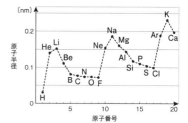

◇元素の周期表

元素の 4_____：性質のよく似た元素が縦の列に並ぶように配列したもの

（次ページの周期表の空欄に元素記号を書き込もう。）

縦の列：5_____

横の行：6_____

同じ族の元素を 7_____という。

	1	2	3	4	5	6	7	8	9	10	11	12	13	14	15	16	17	18
1																		
2																		
3																		
4			Sc	Ti	V	Cr	Mn		Co	Ni			Ga	Ge	As	Se		Kr
5	Rb	Sr	Y	Zr	Nb	Mo	Tc	Ru	Rh	Pd		Cd	In	Sn	Sb	Te		Xe
6	Cs	Ba	ランタ ノイド	Hf	Ta	W	Re	Os	Ir	Pt		Hg	Tl	Pb	Bi	Po	At	Rn
7	Fr	Ra	アクチ ノイド	Rf	Db	Sg	Bh	Hs	Mt	Ds	Rg	Cn	Nh	Fl	Mc	Lv	Ts	Og

○アルカリ金属

価電子が 8____ 個で、1価の 9_____ になりやすい。

アルカリ金属元素を含む化合物は、特有の炎色反応を示す。

○アルカリ土類金属

価電子が 10____ 個で、2価の 11_____ になりやすい。

アルカリ土類金属元素を含む化合物は、特有の炎色反応を示す

(Be, Mg を除く)。

○ハロゲン

価電子が 12____ 個で、1価の 13_____ になりやすい。

単体は有色で、毒性がある。

フッ素以外のハロゲン元素の陰イオンは、銀イオンと反応して沈殿

をつくる。

○貴ガス：

価電子が 14____ 個で、ほかの原子と反応しにくい。

単体は無色の気体。

◢ B ◣ 元素の分類

◇典型元素と遷移元素

15＿＿＿＿＿＿＿＿＿：周期表の１族，２族，13〜18族の元素

　　　→縦に並んだ同族元素は 16＿＿＿＿＿＿＿ の数が等しく，性質が似ている

17＿＿＿＿＿＿＿＿＿：周期表の3〜12族の元素

　　　→となりあう元素どうしで性質が似ている

下の周期表を使って分類してみよう。

	1	2	3	4	5	6	7	8	9	10	11	12	13	14	15	16	17	18
1	H																	He
2	Li	Be											B	C	N	O	F	Ne
3	Na	Mg											Al	Si	P	S	Cl	Ar
4	K	Ca	Sc	Ti	V	Cr	Mn	Fe	Co	Ni	Cu	Zn	Ga	Ge	As	Se	Br	Kr
5	Rb	Sr	Y	Zr	Nb	Mo	Tc	Ru	Rh	Pd	Ag	Cd	In	Sn	Sb	Te	I	Xe
6	Cs	Ba	57~71	Hf	Ta	W	Re	Os	Ir	Pt	Au	Hg	Tl	Pb	Bi	Po	At	Rn
7	Fr	Ra	89~103	Rf	Db	Sg	Bh	Hs	Mt	Ds	Rg	Cn	Nh	Fl	Mc	Lv	Ts	Og

◇金属元素と非金属元素

18＿＿＿＿＿＿＿＿＿＿：単体が金属の性質を示す。元素全体の約 19＿＿＿＿＿％を占める。

　　　　価電子の数が少ない → 陽イオンになりやすい

20＿＿＿＿＿＿＿＿＿：金属元素以外の元素(すべて典型元素)

下の周期表を使って分類してみよう。

	1	2	3	4	5	6	7	8	9	10	11	12	13	14	15	16	17	18
1	H																	He
2	Li	Be											B	C	N	O	F	Ne
3	Na	Mg											Al	Si	P	S	Cl	Ar
4	K	Ca	Sc	Ti	V	Cr	Mn	Fe	Co	Ni	Cu	Zn	Ga	Ge	As	Se	Br	Kr
5	Rb	Sr	Y	Zr	Nb	Mo	Tc	Ru	Rh	Pd	Ag	Cd	In	Sn	Sb	Te	I	Xe
6	Cs	Ba	57~71	Hf	Ta	W	Re	Os	Ir	Pt	Au	Hg	Tl	Pb	Bi	Po	At	Rn
7	Fr	Ra	89~103	Rf	Db	Sg	Bh	Hs	Mt	Ds	Rg	Cn	Nh	Fl	Mc	Lv	Ts	Og

💡 次の文章は正しいだろうか。

① すべての遷移元素は金属元素である。　　② すべての金属元素は遷移元素である。

③ すべての非金属元素は典型元素である。　　④ すべての典型元素は非金属元素である。

◇陽性と陰性

21＿＿＿＿＿：原子が電子を失って，陽イオンになりやすい性質

22＿＿＿＿＿：原子が電子を受け取って，陰イオンになりやすい性質

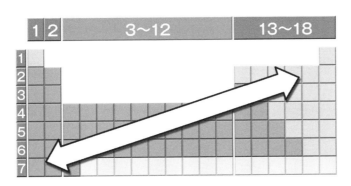

同じ族の元素：原子番号が大きくなるほど 23＿＿＿＿＿が強い

　　　→原子半径が大きいほど，原子核が最外殻電子を引きつける力が小さくなるため

同じ周期の元素：原子番号が大きくなるほど 24＿＿＿＿＿が強い

　　　→原子核の正電荷が増え，原子核が最外殻電子を引きつける力が大きくなるため

●Memo●

●Memo●

●Memo●

●Memo●

1 イオン結合とイオン結晶

p.50〜51　　月　　日

検印欄

A イオン結合

1__________：陽イオンと陰イオンの2________________によってできる結合

3______元素と4_______元素が結びつくときは，イオン結合をつくりやすい

問1　5__________

金属元素の原子はなぜ陽イオンになりやすいのだろうか。
原子の価電子と関連付けて考えてみよう(→教科書 p.38)。

B イオン結晶

6_______：原子，分子，イオンなどの粒子が規則的に並んでできた固体

イオン結合でできているもの：7__________

◇組成式

8________：物質を構成する元素とその割合を最も簡単な整数の比で表した化学式

→イオンからなる物質は組成式で表す

イオンは，陽イオンの正電荷と陰イオンの負電荷が9_________ように結びつくため，
イオン結晶の組成式では次の関係式がなりたつ

10__________ × 11__________ ＝ 12__________ × 13__________

組成式のつくり方と読み方を整理しよう。

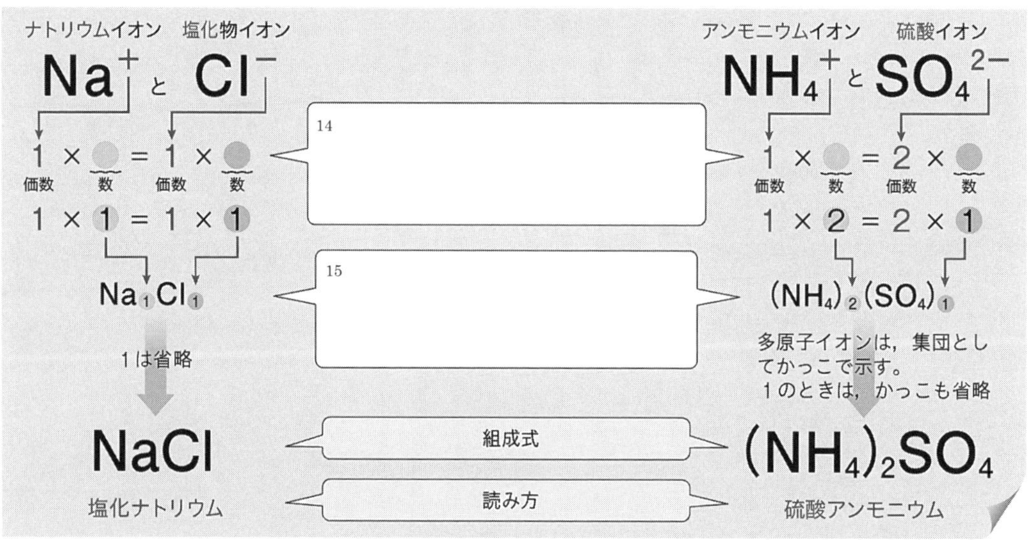

次の陽イオンと陰イオンからなる物質の組成式と名称を書き込もう。

陽イオン　　　陰イオン	Cl^- 塩化物イオン	OH^- 水酸化物イオン	SO_4^{2-} 硫酸イオン
Na^+ ナトリウムイオン	16	17	18
Ca^{2+} カルシウムイオン	19	20	21
Al^{3+} アルミニウムイオン	22	23	24

問 **2** (1) 25＿＿＿＿＿＿＿＿＿＿＿＿＿＿　(2) 26＿＿＿＿＿＿＿＿＿＿＿＿＿＿＿＿＿＿

(3) 27＿＿＿＿＿＿＿＿＿＿＿＿＿＿　(4) 28＿＿＿＿＿＿＿＿＿＿＿＿＿＿＿＿＿＿

2 イオン結合からなる物質 p.52〜53 月 日 検印欄

▲A▲ イオンからなる物質の性質

【イオン結晶の性質】

・陽イオンと陰イオンの静電気的な引力が強いため 1_____の高いものが多い

・2_____がもろく，特定の方向に簡単に割れる(劈開)

・固体の状態では電気を 3_____
　融解したり，水に溶かしたりすると電気を 4_____

塩化ナトリウムが，固体・融解・水溶液のそれぞれの状態のときのイオンのようすを書いてみよう。

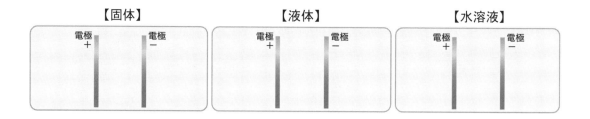

💡 教科書 p.52 図5を参考に，イオン結晶を融解したり，溶解したりすると，なぜ電気が流れるのか説明してみよう。

▲B▲ 身のまわりのイオンからなる物質

物質名	組成式	融点	利用
塩化ナトリウム		801 ℃	調味料, 水酸化ナトリウムや炭酸ナトリウムの原料など
炭酸水素ナトリウム		270 ℃ (分解)	胃薬, 消火剤, ベーキングパウダー, 入浴剤など
炭酸カルシウム		900 ℃ (分解)	セメントの原料, チョークなど 石灰石や大理石の主成分
塩化カルシウム		772 ℃	乾燥剤, 凍結防止剤など

●Memo●

●Memo●

1 共有結合と分子 p.54〜59

月　　日

検印欄

▰ A ▰ 共有結合と分子の形成

◇共有結合

1_____：となりあう2個の原子が，いくつかの価電子を共有してできる結合

　→2_____元素どうしが結びつくときにできる結合

3_____：いくつかの原子が共有結合で結びついたひとまとまりの粒子

水素原子2個が共有結合して水素分子ができるときのようすを書いてみよう。

H ＋ H ⟶

◇電子式

4_____：電子が対（つい）になったもの

　→L殻以降の電子殻では，電子殻に含まれる電子が5個以上になると電子対をつくる

5_____：対にならず単独で存在する電子

6_____：元素記号のまわりに最外殻電子を記号・で表した化学式

下表に，価電子の数，最外殻電子の数，それぞれの最外殻電子を記入しよう。

価電子の数								
最外殻電子の数								
電子式 第1周期	H							He
電子式 第2周期	Li	Be	B	C	N	O	F	Ne
電子式 第3周期	Na	Mg	Al	Si	P	S	Cl	Ar

←電子対
O
不対電子↗

元素記号の上下左右に
最外殻電子をなるべく
分散させて配置する。

○ ・C・ × ・C:

必要に応じて点の位置
を変えて表してもよい。

・O・ :O:

※Heの最外殻電子の数は2個である。

💡 電子の表し方で，右図が不適当な理由を電
子対や不対電子に注目して説明してみよう。

O:

図の下に，水素原子と酸素原子から水分子ができるときのようすを電子式で書いてみよう。

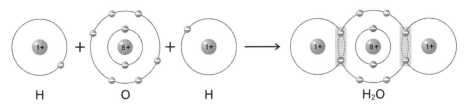

H + O + H → H₂O

◇共有電子対と非共有電子対

7_____：共有結合によって，原子と原子のあいだにつくられた電子対

8_____：共有結合に関与しない電子対

◇構造式

9_____：共有電子対を価標とよばれる線で示した化学式

10_____：1組の共有電子対からなる結合

　　　　　　　　　［例］H_2 の H 原子間の結合，H_2O の H と O の間の結合

11_____：2組の共有電子対からなる結合　　［例］CO_2 の C と O の間の結合

12_____：3組の共有電子対からなる結合　　［例］N_2 の N 原子間の結合

13_____：原子から出る価標の数

　　　　　　　　［例］H：14____本　　O：15____本　　N：16____本　　C：17____本

類題**1**　(1) 電子式：18　　　　　　　　　構造式：19

　　　　　(2) 電子式：20　　　　　　　　　構造式：21

　　　　　(3) 電子式：22　　　　　　　　　構造式：23

　　　　　(4) 電子式：24　　　　　　　　　構造式：25

◇分子の形

物質名	分子式	電子式	構造式	分子モデル	分子の形
水素	26	27	28		29
水	30	31	32		33
アンモニア	34	35	36		37
メタン	38	39	40		41
二酸化炭素	42	43	44		45
窒素	46	47	48		49
エチレン	50	51	52		53

◇配位結合

54＿＿＿＿＿＿＿＿：一方の原子の非共有電子対が，もう一方の原子に電子対のまま提供されてできる共有結合

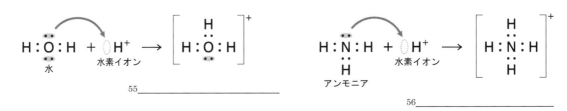

55＿＿＿＿＿＿＿＿

56＿＿＿＿＿＿＿＿

※ 配位結合と共有結合は，57＿＿＿＿＿＿＿＿＿＿

58＿＿＿＿＿＿＿：金属イオンに非共有電子対をもつ分子や陰イオンが配位結合してできたイオン

59＿＿＿＿＿＿＿：金属イオンに配位結合する分子や陰イオン　［例］NH₃, H₂O, CN⁻, OH⁻

2 分子間力と分子結晶　p.60〜65　　月　日　検印欄

A 電気陰性度と極性

◇電気陰性度

1＿＿＿＿＿＿＿＿＿＿＿＿＿

　：共有結合をする原子が共有電子対を引きよせる
　　程度を数値で表したもの

この値が大きい原子は共有電子対を強く引きつける

→ 2＿＿＿＿＿＿＿＿＿になりやすい

電気陰性度が大きい原子

3＿＿ ＞ 4＿＿ ＞ 5＿＿＿ など

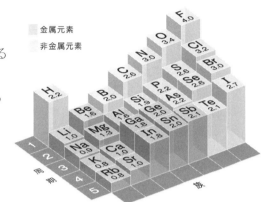

◇結合の極性

6＿＿＿＿＿＿＿：結合に生じた電荷のかたより

　電気陰性度が大きい原子は共有電子対を引きよせる

　　→ 電気陰性度の大きい原子がわずかに 7＿＿＿の電荷（δ−）を帯びる

◇極性分子と無極性分子

8＿＿＿＿＿＿＿＿＿＿：分子全体として電荷のかたよりがある分子

　　　　　　　　　　　［例］H_2O，NH_3 など

9＿＿＿＿＿＿＿＿＿＿：分子全体として電荷のかたよりがない分子

　　　・結合に極性がない分子の例

　　　　（10＿＿＿＿＿＿＿＿＿＿＿＿＿＿＿＿＿＿＿＿）

　　　・結合に極性があるが打ち消しあう分子の例

　　　　（11＿＿＿＿＿＿＿＿＿＿＿＿＿＿＿＿＿＿＿＿＿）

💡 教科書 p.61 図 11 で，二酸化炭素の炭素は δ+，メタンの炭素はδ−である。なぜ，
同じ原子で極性の電荷が異なるのだろうか。電気陰性度をもとに考えてみよう。

問 1　(1) 構造式：12 _____　　　　　　極性の有無：13 _____

　　　　(2) 構造式：14 _____　　　　　　極性の有無：15 _____

　　　　(3) 構造式：16 _____　　　　　　極性の有無：17 _____

　　　　(4) 構造式：18 _____　　　　　　極性の有無：19 _____

◇分子の極性と溶解性

極性分子どうしは…………混じり 20 _____　　　　〔例〕水とメタノール
無極性分子どうしは………混じり 21 _____
極性分子と無極性分子は…混じり 22 _____　　　　〔例〕水とヘキサン

◤B◢ 分子間にはたらく力

23 _____：分子間にはたらく弱い力
　→イオン結合や共有結合に比べるとはるかに 24 _____

25 _____：分子が分子間力によって規則正しく配列してできた結晶

【分子結晶の特徴】
　① 融点が 26 _____　　　② 27 _____をもつものがある
　③ 電気を 28 _____

3 共有結合からなる物質

p.66〜69　　　　月　　　日

検印欄

▰ A ▰ 分子からなる物質

◇有機化合物と無機物質

1_____：炭素を中心とした化合物。おもに炭素，水素，酸素からなる。

2_____：有機化合物以外の物質

分子からなる有機化合物の例

物質名と化学式	沸点	おもな用途
メタン CH_4	−161.5 ℃	燃料
エチレン C_2H_4	−103.7 ℃	工業製品の原料
ベンゼン C_6H_6	80.1 ℃	工業製品の原料
エタノール C_2H_5OH	78.3 ℃	溶媒・消毒剤
酢酸 CH_3COOH	117.8 ℃	工業製品の原料

分子からなる無機物質の例

物質名と化学式	沸点	おもな用途
水素 H_2	−253 ℃	燃料電池の燃料
酸素 O_2	−183 ℃	生物の呼吸
窒素 N_2	−196 ℃	冷却剤（液体）
二酸化炭素 CO_2	−79 ℃（昇華）	冷却剤（固体）
塩化水素 HCl	−85 ℃	プラスチック原料
アンモニア NH_3	−33 ℃	肥料や合成繊維
水 H_2O	100 ℃	溶媒，飲料

💡 分子からなる無機物質は，常温で気体のものが多い。この理由を
　考えてみよう。

◇高分子化合物

3_____：分子量が約1万以上の化合物

原料となる小さな分子（4_____）がくり返し共有結合して 5_____ となる

6_____：単量体の二重結合のうち，結合の片方を開きながら重合

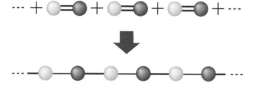

7_____：2種類の単量体から小さな分子がとれながら進む重合

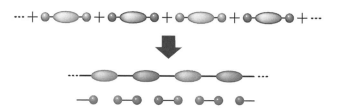

▰ B ▰ 共有結合の結晶

8_____ ：多数の原子が次々と共有結合してできた結晶

【共有結合の結晶の特徴】

① 共有結合の結合力は 9_____ため，

　融点が 10_____，11_____ものが多い

② 水に 12_____ものが多い

③ 電気を 13_____ものが多い

・ダイヤモンド…炭素原子の 4 個の価電子をすべて使って，となりあう炭素原子と共有結合し，
　　　　　　　立体的な 14_____構造をしている

・黒鉛……………炭素原子の 4 個の価電子のうち 3 個を使って，となりあう炭素原子と共有結合
　　　　　　　し，正六角形をつなげた 15_____構造をしている

ダイヤモンド

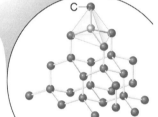

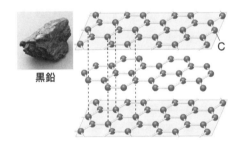
黒鉛

	ダイヤモンド	黒鉛
融点〔℃〕	4700 (1.2×10^{10} Pa)	4700 (1.1×10^7 Pa)
密度〔g/cm³〕	3.51	2.26
色	16	19
かたさ	17	20
電気伝導性	18	21

・ケイ素…………天然には単体としては存在しない

　　　　　　　単体の結晶はダイヤモンドと同じく立体的な 22_____構造をしている

　　　　　　　高純度のケイ素の結晶は電気をわずかに通すため，半導体として利用される

・二酸化ケイ素…天然には石英や水晶として存在する

　　　　　　　ケイ素原子はとなりあう 4 個の酸素原子と共有結合している

💡 共有結合の結晶やイオン結晶は
組成式で表される。この理由を説
明してみよう。分子式ではなぜ表
記できないのだろうか。

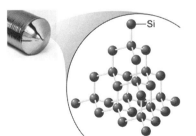

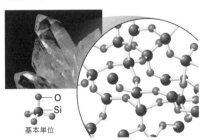
基本単位

1　金属結合と金属結晶　p.70

月　　日

検印欄

◇金属結合

1＿＿＿＿＿＿＿＿＿＿：金属元素の原子が自由電子を共有しあってできる結合

2＿＿＿＿＿＿＿＿＿＿：一つの原子に留まらず，金属全体を移動することができる電子

3＿＿＿＿＿＿＿＿＿＿：金属元素の原子が規則正しく並んでできた結晶

　　常温では，4＿＿＿＿＿＿＿＿以外の金属はすべて固体で，金属結晶をつくっている。

　　金属は，5＿＿＿＿＿＿＿＿式で表す。

2　金属　p.71～72

◇金属の性質

【金属の特徴】

① 6＿＿＿＿＿＿＿＿＿＿＿がある

② 7＿＿＿＿＿＿＿＿＿＿＿＿（電気を伝える性質）が大きい

③ 8＿＿＿＿＿＿＿＿＿＿＿（熱を伝える性質）が大きい

④ 9＿＿＿＿＿：うすく広げることができる性質

⑤ 10＿＿＿＿＿：線状に細く延ばすことができる性質

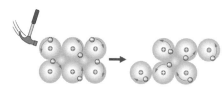

💡 教科書 p.71 表 1 の Cu と Al の性質が，表 2 の用途
にどのようにいかされているか，説明してみよう。

◇合金

11＿＿＿＿＿＿＿＿：2種類以上の金属を融かして混合したり，金属に非金属を溶かしたりしたもの

　　［例］12＿＿＿＿＿＿＿＿＿＿＿＿＿＿＿＿＿＿＿＿＿＿＿＿＿＿＿＿＿＿＿＿＿＿＿＿＿

1 結晶の分類　p.74

月　　日　　検印欄

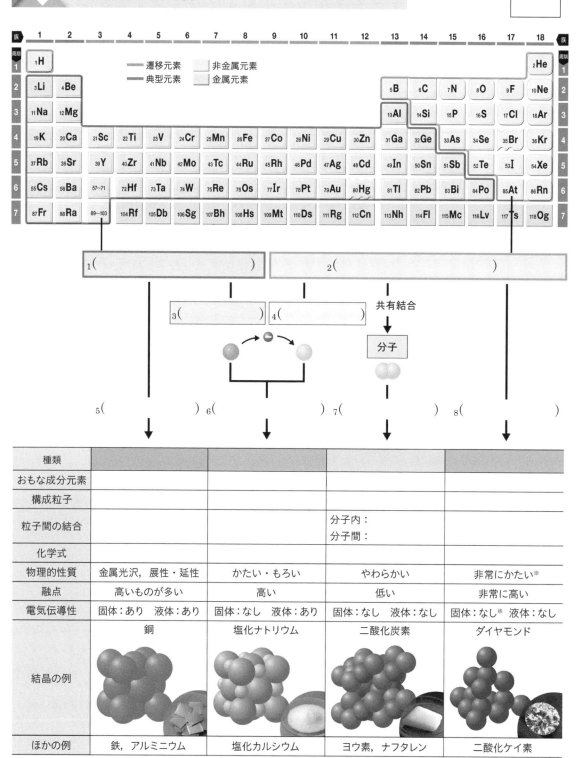

種類				
おもな成分元素				
構成粒子				
粒子間の結合			分子内： 分子間：	
化学式				
物理的性質	金属光沢，展性・延性	かたい・もろい	やわらかい	非常にかたい※
融点	高いものが多い	高い	低い	非常に高い
電気伝導性	固体：あり　液体：あり	固体：なし　液体：あり	固体：なし　液体：なし	固体：なし※　液体：なし
結晶の例	銅	塩化ナトリウム	二酸化炭素	ダイヤモンド
ほかの例	鉄，アルミニウム	塩化カルシウム	ヨウ素，ナフタレン	二酸化ケイ素

※黒鉛は共有結合の結晶であるが例外で，やわらかく，電気伝導性がある。

			検印欄

2　化学結合と身のまわりの物質　p.75〜79　　　月　　　日

▶ A ◀ イオンからなる物質

物質名	化学式	性質	利用
塩化ナトリウム		・白色固体 ・水に溶けやすい ・融点：801 ℃	食塩の主成分。工業的にも重要な原料で，消費量の 80 %は工業に利用される。調味料として利用されるのは 20 %程度。
炭酸カルシウム		・白色固体 ・水に溶けにくい ・分解温度：900 ℃	炭酸カルシウムを表面に塗布した紙は，塗工紙・アート紙などとよばれ，ポスターなどに利用される。チョークの原料でもある。
炭酸水素ナトリウム		・白色固体 ・水にわずかに溶ける ・水溶液はアルカリ性 ・分解温度：270 ℃	家庭で使われる電気・油火災用消火器の主成分。重曹ともよばれ，掃除・調理などにも使用されている。
塩化カルシウム		・白色固体 ・水によく溶ける ・吸湿性がある ・融点：772 ℃	雪の日などに，融雪剤・凍結防止剤として道路に散布される。吸湿性を利用して，クローゼットの除湿剤にも使われている。

▶ B ◀ 分子からなる物質

物質名	化学式	性質	利用
水素		・無色，無臭の気体 ・最も軽い ・水に溶けにくい ・燃えやすい	液体水素はロケット燃料に使用される。燃料電池の燃料として，自動車などの動力源に利用されている。
塩化水素		・無色，刺激臭の気体 ・空気より重い ・水によく溶ける ・水溶液は酸性を示す	塩化水素は工業的に非常に重要な物質で，その水溶液(塩酸)の消費量は 60 万トンにもなる(2018 年)。塩酸は，医薬品の製造にも利用されている。
酸素		・無色，無臭の気体 ・水に溶けにくい ・反応性が高く，金や白金を除く多くの元素と反応する	空気中に体積で 21 %含まれる。空気中の酸素は，植物の光合成によってつくられ，生物の呼吸や可燃物の燃焼によって消費される。
二酸化炭素		・無色，無臭の気体 ・空気よりも重い ・水にわずかに溶ける ・水溶液は弱い酸性を示す	二酸化炭素の固体ドライアイスは，食品の冷却剤として利用されている。高圧の二酸化炭素は，コーヒーからカフェインを取り除く際に使用される。

物質名	化学式	性質	利用
窒素		・無色，無臭の気体 ・反応性が低い	油脂などの酸化を防ぐため，食品容器に封入されている。
アンモニア		・無色，刺激臭の気体 ・空気よりも軽い ・水によく溶け，水溶液はアルカリ性を示す	硝酸や，肥料・合成繊維などの原料として利用される。虫刺され薬の成分としても含まれている。
メタン		・無色，無臭，可燃性の気体 ・空気よりも軽い ・水に溶けにくい	都市ガスの主成分として利用されている。近年では，温室効果ガスとして注目されている。
酢酸		・特有の刺激臭をもつ無色の液体 ・水によく溶ける ・水溶液は酸性を示す	食酢中に4～5％含まれている。医薬品や合成繊維の原料にもなる。
水		・無色，無臭の液体 ・さまざまなものをよく溶かす ・液体のほうが固体よりも密度が大きい	生物の生命活動に欠かせない物質である。人間の質量のうち，6割は水である。
エチレン		・かすかに甘いにおいのする気体 ・空気よりも軽い ・水に溶けにくい	植物に含まれ，果物の成熟を早める効果がある。リンゴはエチレンを多く放出するので，近くに置いたバナナは，早く茶色くなってしまう。
エタノール		・特有のにおいをもつ無色の液体 ・水によく溶ける	身近なところでは，消毒剤に利用されている。70％水溶液が最も殺菌効果が高いとされている。

	ポリエチレン	ポリエチレンテレフタラート
化学式		
性質	・略記：ＰＥ ・エチレンを付加重合して得られる	・略記：ＰＥＴ ・エチレングリコールとテレフタル酸を縮合重合して得られる
利用	袋・ラップなどの包装材や，シャンプーなどの容器に使用されている。	飲料や惣菜などの透明な容器に使用されている。PETの繊維はポリエステルとして衣類にも利用されている。 安価で透明性が高いため，将来のフレキシブルディスプレイの基板としても期待されている。

◤C◢ 共有結合の結晶

物質名	化学式	性質	利用
ダイヤモンド		・無色透明 ・非常にかたい ・融点：4700 ℃(1.2×10^{10} Pa) ・電気をほとんど通さない	古くから宝飾品として利用されてきた。そのかたさを利用して，研磨剤やダイヤモンドカッターとしても利用されている。
黒鉛		・黒色不透明 ・やわらかい結晶 ・融点：4700 ℃(1.1×10^7 Pa) ・電気をよく通す	鉛筆やシャープペンシルの芯として利用されている。ほかに，工業機械の潤滑剤としても使用されている。
ケイ素		・非常にかたい ・融点：1410 ℃ ・電気をわずかに通す	半導体として，電子機器の材料や，太陽光パネルに利用される。
二酸化ケイ素		・無色透明 ・かたい ・融点：1550 ℃ ・電気をほとんど通さない	ガラスの主成分で，色付きガラスには金属イオンが含まれている。陶器の表面の主成分でもある。

◤D◢ 金属

物質名	化学式	性質	利用
鉄		・灰白色光沢 ・融点：1535 ℃	鉄を主成分に，ニッケルやクロムなどを加えた合金をステンレス鋼という。ステンレスの名の由来は，「変色しにくい(Stain Less)」。名前の通りさびにくく，食器・はさみ・エスカレーターなど，さまざまな場所で利用されている。
銅		・赤色光沢 ・融点：1083 ℃	古くから，合金の材料として利用され，青銅・白銅・黄銅(真鍮)など，銅を含むさまざまな合金が知られている。ブラスバンドの"ブラス(brass)"は，真鍮の意。単体は，高い電気伝導性をいかし，電線に利用されている。
金		・黄金色光沢 ・融点：1064 ℃ ・化学的に最も安定 ・展性，延性が大きい	和紙に金箔をはり，細く裁断したものを金糸という。金は美しい光沢をもつので，古くから装飾品などに使われてきた。現在では，高い電気伝導性をいかし，電子回路の配線にも使われている。
銀		・銀白色光沢 ・融点：952 ℃ ・電気伝導性，熱伝導性が最も大きい金属	ケーキやアイスクリームにトッピングされている銀色の飾り(アラザン)は，砂糖とデンプンでできた小さな球に銀粉をコーティングしたものである。銀は反応性にとぼしいので，食べても安全とされている。
アルミニウム		・銀白色光沢 ・やわらかい ・融点：660 ℃	光や空気を通しにくく，容易に変形できるため，味や香りに繊細な食品を包むのに使用されている。軽く，電気伝導性にもすぐれているため，電線や建材にも使用されている。

●Memo●

●Memo●

1 原子量と分子量・式量　p.84〜87　月　日

▰ A ▰ 原子の相対質量

◇相対質量の考え方

		質量	相対質量
^{12}C	●	$1.9926×10^{-23}$ g	**12** ←基準
^{1}H	●	$1.6735×10^{-24}$ g	**1**
^{14}N	●	$2.3253×10^{-23}$ g	**14**
^{16}O	●	$2.6560×10^{-23}$ g	**16**

1＿＿＿＿＿＿＿＿

：質量数 12 の炭素（2＿＿＿＿＿＿）の質量を 12 とし，
これを基準に各原子の質量を表したもの

◇相対質量の求め方

各原子の相対質量を求めるときは，^{12}C 原子の質量を 12 として比例式をつくる

［例］水素の相対質量

$$1.9926×10^{-23} \text{ g} : 1.6735×10^{-24} \text{ g} = 12 : x$$

　　　↑　　　　　　　↑

3＿＿＿＿ 1 個の質量：4＿＿＿＿ 1 個の質量

💡 教科書 p.85 表 1 に示された ^{14}N 原子と ^{16}O 原子の質量の
値を用いて，これらの原子の相対質量の値を確認しよう。

問 **1** 5＿＿＿＿＿＿＿＿

▰ B ▰ 原子量と分子量・式量

◇原子量

6＿＿＿＿＿＿＿＿＿＿＿＿：元素を構成する同位体の相対質量を，その存在比で平均したもの

●銅 Cu の原子量

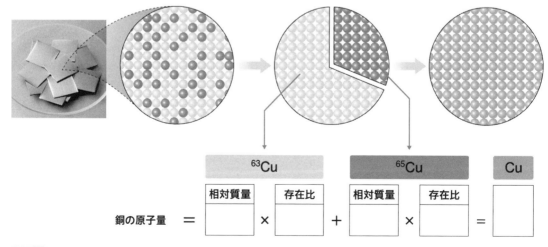

	^{63}Cu		^{65}Cu		Cu
銅の原子量 ＝	相対質量	× 存在比	＋ 相対質量	× 存在比	＝

問 **2** 7＿＿＿＿＿＿＿＿

◇分子量

8＿＿＿＿＿＿＿＿＿：分子式に含まれる原子の原子量の総和

　○水の分子量

分子式 H_2O

水素原子　酸素原子
2個　　　1個

9＿＿＿＿＿＿

◇式量

10＿＿＿＿＿＿：組成式やイオンの化学式に含まれる原子の原子量の総和

　　　　電子の質量は原子の質量に比べて非常に小さいので 11＿＿＿＿＿＿＿＿＿

　○塩化ナトリウムの式量

組成式 $NaCl$

ナトリウムイオン　塩化物イオン
Na^+ 1個　　　Cl^- 1個

12＿＿＿＿＿＿

　○アルミニウムの式量

組成式 Al

アルミニウム原子
Al 1個

13＿＿＿＿＿＿

　○炭酸イオンの式量

14＿＿＿＿＿＿

問 **3**　(1) 15＿＿＿＿＿　(2) 16＿＿＿＿＿　(3) 17＿＿＿＿＿　(4) 18＿＿＿＿＿

2 物質量　p.88～93

月　　日　　検印欄

A 物質量とアボガドロ定数

◇物質量

1_____：$6.0×10^{23}$ 個の粒子をひとまとまりとして表した物質の量

2_____：$6.0×10^{23}$ 個をひとまとまりとして扱うときの単位

3_____：1 mol あたりの粒子の数

アボガドロ定数 N_A ＝ 4_____

物質量〔mol〕＝ 5(　　　　　　　　　　　)

💡 1 mol の水分子 H_2O に含まれる水素原子，酸素原子はそれぞれ何 mol か。

💡 自分の知っている「大きな数」をあげ，$6.0×10^{23}$ と比べてみよう。

問 4 (1) 6_____ (2) 7_____個

B 物質量と質量

原子 1 mol の質量は 8_____に単位 g（グラム）をつけたもの

→原子量 M の原子を 1 mol 集めると 9_____〔g〕になる

10_____：物質 1 mol あたりの質量（単位 11_____ ）

	炭素 C	アルミニウム Al	水 H_2O	塩化ナトリウム NaCl
1個の粒子の質量	$2.0×10^{-23}$ g	$4.5×10^{-23}$ g	$3.0×10^{-23}$ g	$9.7×10^{-23}$ g
原子量・分子量・式量	12	13	14	15
1molの粒子の質量	$6.0×10^{23}$ 個　g	$6.0×10^{23}$ 個　g	$6.0×10^{23}$ 個　g	$6.0×10^{23}$ 個　g

💡 教科書 p.89 図 6 に示されたそれぞれの粒子の質量を $6.0×10^{23}$ 倍すると，モル質量の値となるか確認しよう。

◇物質量と質量の関係

物質量〔mol〕= 16(　　　　　　　　　　　　　　　　)

問 **5** (1) 17＿＿＿＿＿＿＿　　(2) 18＿＿＿＿＿＿＿

類題**1** (1) 19＿＿＿＿＿＿＿＿＿　　(2) 20＿＿＿＿＿＿＿＿＿　　(3) 21＿＿＿＿＿＿＿＿＿
　　　 (4) 22＿＿＿＿＿＿＿＿＿　　(5) 23＿＿＿＿＿＿＿＿＿

類題**2** 24＿＿＿＿＿＿＿＿＿＿＿＿＿＿＿＿＿＿

◢C◣ 物質量と気体の体積

25＿＿＿＿＿＿＿＿＿＿＿＿＿：同温・同圧で同じ体積の気体には，気体の種類によらず同じ数の分子
　　　　　　　　　　　　　　　が含まれるという法則

26＿＿＿＿＿＿＿：物質 1 mol あたりの体積

　　　　　　　0 ℃，1.013×10⁵ Pa において 27＿＿＿＿＿＿

気体	水素 H₂	酸素 O₂	二酸化炭素 CO₂
物質量	1 mol	1 mol	1 mol
分子の個数	28	31	34
体積 (0℃, 1.013×10⁵ Pa)	29	32	35
質量	30	33	36

💡 教科書 p.91 図 7 では，物質量，分子の個数，体積はそれぞれの分
　　子で同じ値だが，質量だけは異なる。その理由を説明しよう。

問 **6** (1) 37＿＿＿＿＿＿　　　　(2) 38＿＿＿＿＿＿＿

◇物質量と気体の体積の関係

　0 ℃，1.013×10⁵ Pa において，

　　物質量〔mol〕＝ 39(　　　　　　　　　　)

　　気体の密度〔g/L〕＝ 40(　　　　　　　　　　　)

類題**3**　41＿＿＿＿＿＿＿＿＿

類題**4**　42＿＿＿＿

◤D◢ 物質量と粒子の数，質量，気体の体積の関係

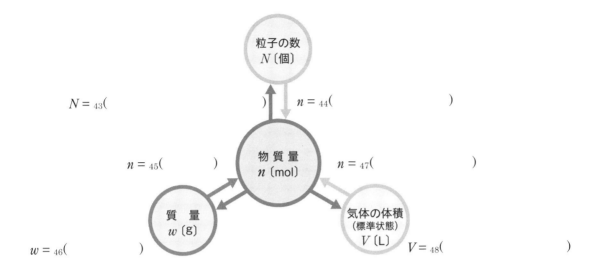

$N = {}_{43}($ 　　　　　　　)　　$n = {}_{44}($ 　　　　　　　　　　)

$n = {}_{45}($ 　　　　)　　$n = {}_{47}($ 　　　　　　　　　)

$w = {}_{46}($ 　　　　　　)　　$V = {}_{48}($ 　　　　　　　　　　　)

トレーニング

1 物質量から粒子の数

次の問いに答えよ。ただし，アボガドロ定数を 6.0×10^{23} /mol とする。

(1) 酸素 O_2 2.0 mol に含まれる O_2 分子は何個か。

_____

(2) 水 H_2O 0.50 mol に含まれる H_2O 分子は何個か。

_____

(3) 二酸化炭素 CO_2 10 mol に含まれる CO_2 分子は何個か。

_____

(4) グルコース $C_6H_{12}O_6$ 0.15 mol に含まれる $C_6H_{12}O_6$ 分子は何個か。

_____

(5) 塩化ナトリウム $NaCl$ 0.50 mol に含まれるナトリウムイオン Na^+ と塩化物イオン Cl^- はそれぞれ何個か。

_____

2 粒子の数から物質量

次の問いに答えよ。ただし，アボガドロ定数を 6.0×10^{23} /mol とする。

(1) 酸素 O_2 分子 3.0×10^{23} 個は何 mol か。

_____

(2) 水 H_2O 分子 1.2×10^{23} 個は何 mol か。

_____

(3) 二酸化炭素 CO_2 分子 1.2×10^{24} 個は何 mol か。

_____

(4) グルコース $C_6H_{12}O_6$ 分子 1.5×10^{23} 個は何 mol か。

_____

3 物質量から質量

次の問いに答えよ。

(1) 酸素 O_2 0.50 mol の質量は何 g か。

_____

(2) 水 H_2O 0.50 mol の質量は何 g か。

_____

(3) 二酸化炭素 CO_2 2.0 mol の質量は何 g か。

_____

(4) グルコース $C_6H_{12}O_6$ 0.10 mol の質量は何 g か。

_____

(5) 塩化ナトリウム $NaCl$ 0.20 mol の質量は何 g か。

_____

4 質量から物質量

次の問いに答えよ。

(1) 酸素 O_2 64 g の物質量は何 mol か。

_____

(2) 水 H_2O 36 g の物質量は何 mol か。

_____

(3) 二酸化炭素 CO_2 22 g の物質量は何 mol か。

_____

(4) グルコース $C_6H_{12}O_6$ 1.8 g の物質量は何 mol か。

_____

(5) 塩化ナトリウム $NaCl$ 5.85 g の物質量は何 mol か。

_____

5 質量から粒子の数

次の問いに答えよ。ただし，アボガドロ定数を 6.0×10^{23} /mol とする。

(1) 酸素 O_2 64 g に含まれる O_2 分子は何個か。

(2) 水 H_2O 36 g に含まれる H_2O 分子は何個か。

(3) 二酸化炭素 CO_2 11 g に含まれる CO_2 分子は何個か。

(4) グルコース $C_6H_{12}O_6$ 45 g に含まれる $C_6H_{12}O_6$ 分子は何個か。

(5) 塩化ナトリウム NaCl 5.85 g に含まれるナトリウムイオン Na^+ と塩化物イオン Cl^- はそれぞれ何個か。

6 物質量と気体の体積

次の問いに答えよ。ただし，気体は標準状態とする。

(1) 酸素 O_2 3.0 mol の体積は何 L か。

(2) 窒素 N_2 0.50 mol の体積は何 L か。

(3) 二酸化炭素 CO_2 112 L の物質量は何 mol か。

(4) アンモニア NH_3 3.36 L の物質量は何 mol か。

(5) 水素 H_2 112 mL の物質量は何 mol か。

7 物質量を中心とした計算

次の問いに答えよ。ただし，アボガドロ定数を 6.0×10^{23} /mol，気体は標準状態とする。

(1) ドライアイス（二酸化炭素）4.4 g に含まれる CO_2 分子は何個か。

_____

(2) ドライアイス 4.4 g が昇華すると何 L になるか。

_____

(3) 水 H_2O 90 g に含まれる H_2O 分子は何個か。

_____

(4) 水 H_2O 分子 3.0×10^{24} 個の質量は何 g か。

_____

(5) 酸素 O_2 16 g の体積は何 L か。

_____

(6) 水素 H_2 分子 3.0×10^{23} 個の体積は何 L か。

_____

(7) アンモニア NH_3 4.48 L の質量は何 g か。

_____

(8) 銀 Ag 0.25 mol の質量は 27 g である。銀の原子量を求めよ。

_____

(9) 窒素 N_2 14 g の体積が 11.2 L であった。窒素 N_2 の分子量を求めよ。

_____

(10) 塩化ナトリウム NaCl 23.4 g 中に含まれるイオンの総数は何個か。

_____

考えてみよう

※具体的な計算をせず，物質量と粒子の数，質量，気体の体積の関係から考えてみよう。

⑴ 水素 H_2 1 g と鉄 Fe 1 g は，どちらが重いか。　　　　　　　　　＿＿＿＿＿＿

⑵ 水素 H_2 1 mol と鉄 Fe 1 mol は，どちらが重いか。　　　　　　　＿＿＿＿＿＿

⑶ アルミニウム Al 原子 1 個と鉄 Fe 原子 1 個は，どちらが重いか。　＿＿＿＿＿＿

⑷ アルミニウム Al 1 mol と鉄 Fe 1 mol は，どちらが多くの原子を含むか。　＿＿＿＿＿＿

⑸ アルミニウム Al 1 g と鉄 Fe 1 g は，どちらが多くの原子を含むか。　＿＿＿＿＿＿

⑹ アルミニウム Al 1 g と鉄 Fe 1 g は，どちらの物質量が大きいか。　＿＿＿＿＿＿

⑺ 水素 H_2 1 mol と酸素 O_2 1 mol は，どちらの体積が大きいか。　　＿＿＿＿＿＿

⑻ 水素 H_2 1 g と酸素 O_2 1 g は，どちらの体積が大きいか。　　　　＿＿＿＿＿＿

⑼ 酸素 O_2 1 L と二酸化炭素 CO_2 1 L は，どちらが重いか。　　　　＿＿＿＿＿＿

⑽ 酸素 O_2 1 L と窒素 N_2 1 L は，どちらが多くの分子を含むか。　　＿＿＿＿＿＿

⑾ アルミニウム Al 1 g と酸素 O_2 1 g は，どちらの体積が大きいか。　＿＿＿＿＿＿

3　溶液の濃度　p.96〜98

月　　日

検印欄

▶A◀ 溶液

1＿＿＿＿＿：溶液の中に溶けている物質

2＿＿＿＿＿：溶質を溶かしている液体

3＿＿＿＿＿：溶媒に溶質を溶かしたもの

4＿＿＿＿＿：溶質が溶媒に均一に混じりあう現象

5＿＿＿＿＿：一定量の溶液に含まれる溶質の量

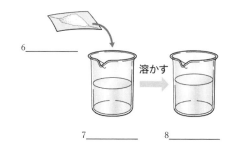

6＿＿＿＿＿

溶かす

7＿＿＿＿＿　　　8＿＿＿＿＿

▶B◀ 濃度

9＿＿＿＿＿＿＿＿＿＿＿＿＿：溶液の質量〔g〕に対する溶質の質量〔g〕の割合を百分率で表した濃度

質量パーセント濃度〔%〕 ＝ 10(　　　　　　　　　　　　　　　)

💡 グルコース 10 g を水 100 g に溶かすと，10 %のグルコース水溶液になるだろうか。

＝ 11(　　　　　　　　　　　　　　　　　　)

12＿＿＿＿＿＿＿：溶液 1 L あたりに溶けている溶質の量を物質量〔mol〕で表した濃度

モル濃度〔mol/L〕 ＝ 13(　　　　　　　　　　　)

💡 グルコース 0.10 mol を水 1 L に溶かすと，0.10 mol/L のグルコース水溶液になるだろうか。

問 **7** (1) 14＿＿＿＿＿　　　　(2) 15＿＿＿＿＿＿＿＿

💡 身のまわりにあるスポーツ飲料などの成分表示を見て，含まれる物質のモル濃度を計算してみよう。

◇モル濃度と溶質の物質量

溶質の物質量〔mol〕 ＝ 16＿＿＿＿＿＿＿＿＿＿＿＿＿＿＿＿＿＿＿

類題 **5**　17＿＿＿＿＿＿＿＿＿＿＿＿＿＿

類題 **6**　18＿＿＿＿＿＿＿＿＿＿＿＿＿＿

類題 **7**　19＿＿＿＿＿＿＿＿＿，＿＿＿＿＿＿＿

トレーニング

1 **質量パーセント濃度**

次の問いに答えよ。

(1) 水 100 g に，塩化ナトリウム NaCl 25 g を溶かした溶液の質量パーセント濃度は何%か。

_____

(2) 海水を 3.0 %の塩化ナトリウム NaCl の水溶液とすると，海水 500 g に含まれる NaCl は何 g か。

_____

(3) グルコース $C_6H_{12}O_6$ 20 g を溶かして 10 %の水溶液をつくったとき，この水溶液は何 g になるか。

_____

2 **モル濃度**

次の問いに答えよ。

(1) グルコース $C_6H_{12}O_6$ 90 g を水に溶かして，250 mL の水溶液をつくった。この溶液のモル濃度は何 mol/L か。

_____

(2) 酢酸 CH_3COOH 30 g を水に溶かして，200 mL の水溶液をつくった。この溶液のモル濃度は何 mol/L か。

_____

(3) 0.10 mol/L の水酸化ナトリウム NaOH 水溶液 200 mL には，何 mol の NaOH が溶けているか。

_____

(4) 食酢は 0.70 mol/L の酢酸 CH_3COOH 水溶液である。食酢 100 mL 中には何 g の CH_3COOH が含まれるか。

_____

3 濃度の換算：質量パーセント濃度からモル濃度

市販のアンモニア水(質量パーセント濃度 28 %，密度 0.90 g/cm³)について，次の問いに答えよ。

(1) このアンモニア水 100 g に含まれるアンモニア NH_3 の物質量は何 mol か。

_____

(2) このアンモニア水 100 g の体積は何 L か。

_____

(3) このアンモニア水のモル濃度は何 mol/L か。

_____

4 濃度の換算：モル濃度から質量パーセント濃度

0.80 mol/L の硫酸 H_2SO_4(密度 1.05 g/cm³)について，次の問いに答えよ。

(1) この硫酸 1000 mL に含まれる H_2SO_4 の質量は何 g か。

_____

(2) この硫酸の質量パーセント濃度は何%か。

_____

●Memo●

▶4　化学反応式　　p.102〜111　　　　　月　　　日

◤A◢　化学反応式

1＿＿＿＿＿＿＿＿：ある物質がほかの物質に変化する現象

　　　＝2＿＿＿＿＿＿＿＿

3＿＿＿＿＿＿＿＿：反応前の物質

4＿＿＿＿＿＿＿＿：反応後の物質

5＿＿＿＿＿＿＿＿：反応前後の物質の関係を化学式で表したもの

【化学反応式のつくり方】

・反応物を 6＿＿＿＿＿＿に，生成物を 7＿＿＿＿＿＿に書き，両辺を──→で結ぶ

・左辺と右辺で 8＿＿＿＿＿＿＿＿＿＿＿＿＿＿＿＿＿＿＿＿＿＿ように化学式の前に係数をつける

・それぞれの係数が 9＿＿＿＿＿＿＿＿＿＿＿＿＿＿＿＿になるようにし，10＿＿＿＿は省略する

※気体や沈殿が生じる場合，化学式の右側に「↑」や「↓」を書いて強調することがある。

※反応に直接関与しない触媒は，化学反応式には含めない。

メタンが燃焼するときの化学反応式を，次の手順にしたがって書いてみよう。

1 反応前の物質（反応物）を左辺に，反応後の物質（生成物）を右辺に，化学式で書く。

2 CH_4 の係数を仮に1として，C原子の数が両辺で等しくなる係数を決める。
　→「係数を合わせる」という。

3 H原子の数が両辺で等しくなる係数を決める。

4 O原子の数が両辺で等しくなる係数を決める。
5 CH_4 の係数を仮に1としたときの式ができあがる。

6 各係数が最も簡単な整数の比になるように整理し，係数1は省略する。

◥B◣ イオンを含む反応式

12_____：イオンが関係する反応で，反応にかかわらないイオンを除いた化学反応式

　　　イオン反応式では 13_____が等しい

　　　　　　　　　14_____が等しい

硝酸銀水溶液と塩化ナトリウム水溶液を混ぜたときのイオン反応式を書いてみよう。

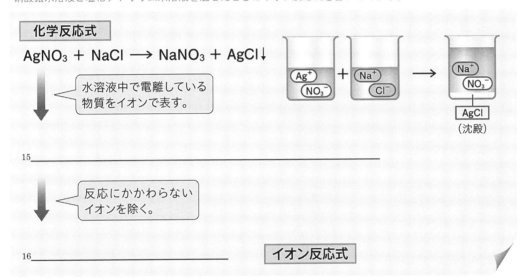

化学反応式

$AgNO_3 + NaCl \longrightarrow NaNO_3 + AgCl\downarrow$

水溶液中で電離している物質をイオンで表す。

15_____

反応にかかわらないイオンを除く。

16_____　イオン反応式

トレーニング

1 **化学反応式と係数**

次の( )に係数を記入せよ。ただし，係数１も省略せず記入すること。

(1) ( )O_2 $\longrightarrow$ ( )O_3

(2) ( )H_2O_2 $\longrightarrow$ ( )H_2O + ( )O_2

(3) ( )CO + ( )O_2 $\longrightarrow$ ( )CO_2

(4) ( )Cu + ( )O_2 $\longrightarrow$ ( )CuO

(5) ( )Al + ( )Cl_2 $\longrightarrow$ ( )$AlCl_3$

(6) ( )Al + ( )O_2 $\longrightarrow$ ( )Al_2O_3

(7) ( )N_2 + ( )H_2 $\longrightarrow$ ( )NH_3

(8) ( )Na + ( )H_2O $\longrightarrow$ ( )$NaOH$ + ( )H_2

2 **化学反応式**

次の化学変化を化学反応式で表せ。

(1) 亜鉛 Zn に塩酸 HCl を加えると，塩化亜鉛 $ZnCl_2$ が生成し，水素が発生する。

(2) ブタン C_4H_{10} が完全燃焼すると，二酸化炭素と水が生じる。

3 **イオン反応式と係数**

次の( )に係数を記入せよ。ただし，係数１も記入すること。

(1) ( )Ca^{2+} + ( )CO_3^{2-} $\longrightarrow$ ( )$CaCO_3\downarrow$

(2) ( )Pb^{2+} + ( )Cl^- $\longrightarrow$ ( )$PbCl_2\downarrow$

(3) ( )Al^{3+} + ( )OH^- $\longrightarrow$ ( )$Al(OH)_3\downarrow$

(4) ( )Cu + ( )Ag^+ $\longrightarrow$ ( )Cu^{2+} + ( )Ag

4 **イオン反応式**

次の化学変化をイオン反応式で表せ。

(1) 硝酸銀 $AgNO_3$ 水溶液を塩化マグネシウム $MgCl_2$ 水溶液に加えると，塩化銀 $AgCl$ の白色沈殿が生じた。

(2) ヨウ化カリウム KI 水溶液(無色)に塩素 Cl_2 を通じると，ヨウ素 I_2 が生じ，溶液が褐色になった。

◤ C ◢ 化学反応式の量的関係

化学反応式の各物質の係数の比は，各物質の 17_____ を表す

18_____ を表す

19_____ を表す

化学反応式	CH_4　　+　　$2O_2$　　$\longrightarrow$　　CO_2　　+　　$2H_2O$			
係数	1			
物質量〔mol〕	1			
粒子の数〔個〕				
気体の体積 (標準状態)〔L〕				(液体)
質量〔g〕				

⇒質量の比は化学反応式の係数比と一致しない

類題**10**　(1) 20__(ア)_____　(イ)_____　(ウ)_____　(エ)_____　　(2) 21_____

類題**11**　22_____

●Memo●

◤1◥ 酸と塩基　p.112〜114　月　日

◢A◣ 酸性と塩基性

1＿＿＿＿＿：酸性を示す物質

酸性：・2＿＿＿＿色のリトマス紙を 3＿＿＿＿色に変える

・酸味をもつ

・マグネシウムや亜鉛などの金属と反応して 4＿＿＿＿＿を発生する

5＿＿＿＿＿：塩基性(アルカリ性)を示す物質

塩基性：・6＿＿＿＿色のリトマス紙を 7＿＿＿＿色に変える

・酸と反応して酸性を打ち消す

◢B◣ 酸と塩基の定義

◇アレニウスの定義

酸　：水溶液中で 8＿＿＿＿＿＿＿＿＿＿＿＿＿＿＿を生じる物質

塩基：水溶液中で 9＿＿＿＿＿＿＿＿＿＿＿＿＿＿＿を生じる物質

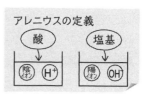

アレニウスの定義

◇酸と水素イオン

塩化水素の電離：10＿＿＿＿＿＿＿＿＿＿＿＿＿＿＿＿＿＿＿

酢酸　　　の電離：11＿＿＿＿＿＿＿＿＿＿＿＿＿＿＿＿＿＿＿

硫酸　　　の電離：12＿＿＿＿＿＿＿＿＿＿＿＿＿＿＿＿＿＿＿

問 ◼1 13＿＿＿＿＿＿＿＿＿＿＿＿＿＿＿＿＿＿＿

💡 教科書 p.113 式〈4〉の HCl と H_3O^+ はそれぞれどのような結合
で形成されているだろうか。電子式を書いて考えてみよう。

◇塩基と水酸化物イオン

水酸化ナトリウムの電離：14_____

水酸化カルシウムの電離：15_____

アンモニア　　　の電離：16_____

問 **2**　17_____

💡 教科書 p.113 式〈7〉の NH_4^+ と OH^- はそれぞれどのような結合
　で形成されているだろうか。電子式を書いて考えてみよう。

◇水素イオン H^+ の授受による定義

ブレンステッド・ローリーの定義

酸　：18_____分子またはイオン

塩基：19_____分子またはイオン

 ＋ ⟶ ＋

問 **3**　(1) 20_____　　　(2) 21_____

2　酸と塩基の分類　p.115〜117　　　　月　　日

A　酸と塩基の価数

1＿＿＿＿＿＿＿＿＿＿：酸の化学式の中で，電離して水素イオンになることができる H の数

2＿＿＿＿＿＿＿＿＿＿：塩基の化学式の中で，電離して水酸化物イオンになることができる OH の数

下の表の空欄を埋めよう。

酸	価数	塩基
	1	
	2	
	3	

B　酸と塩基の強弱

◇電離度

3＿＿＿＿＿＿＿＿：水に溶かした酸や塩基のうち，電離するものの割合

電離度 α ＝ 4(　　　　　　　　　　　　　　　　　)

電離度は，物質の種類，濃度，温度によって値が変わる

塩化水素や水酸化ナトリウムなどの電離度は，

5＿＿＿＿＿＿＿＿＿＿＿＿＿＿＿＿＿＿＿＿＿＿＿＿＿

酢酸やアンモニアなどの電離度は，

6＿＿＿＿＿＿＿＿＿＿＿＿＿＿＿＿＿＿＿＿＿＿＿＿＿

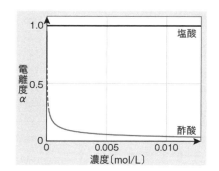

問 **4** (1) 7＿＿＿＿＿　　(2) 8＿＿＿＿＿＿＿＿＿＿＿

◇酸と塩基の強弱

9＿＿＿＿＿＿：濃度によらず電離度がほぼ1の酸で，酸としてのはたらきが強い

10＿＿＿＿＿＿：電離度が小さい酸で，強酸に比べて酸としてのはたらきが弱い

11＿＿＿＿＿＿：濃度によらず電離度がほぼ1の塩基で，塩基としてのはたらきが強い

12＿＿＿＿＿＿：電離度が小さい塩基で，強塩基に比べて塩基としてのはたらきが弱い

下の表に，代表的な酸・塩基の名称と化学式を書こう。

強酸	弱酸	価数	強塩基	弱塩基
		1		
		2		
		3		

※$Cu(OH)_2$，$Fe(OH)_2$ のような水に溶けにくい塩基も弱塩基である。一般に，アルカリ金属と Ca，Sr，Ba を除く金属の水酸化物は，水に溶けにくい。

※リン酸は中程度の強さの酸である。

酸(塩基)の価数は，酸(塩基)の強弱とは 13＿＿＿＿＿＿＿

3 水素イオン濃度と pH

p.118〜122　　　　月　　　日

A 水素イオン濃度

◇水の電離

純粋な水(純水)は，わずかに電離している　$H_2O \rightleftharpoons$ 1＿＿＿＿＿＿＿＿＿＿＿

2＿＿＿＿＿＿＿＿＿＿＿＿＿＿：H^+のモル濃度　（3＿＿＿＿＿と表す）

4＿＿＿＿＿＿＿＿＿＿＿＿＿＿：OH^-のモル濃度（5＿＿＿＿＿と表す）

純水中(25 ℃)では

$[H^+] = [OH^-] =$ 6＿＿＿＿＿＿＿＿＿＿＿＿

💡 純水では H^+ と OH^- の濃度がなぜ等しいのだろうか。教科書 p.118 式〈14〉と関連付けて説明してみよう。

7＿＿＿＿＿：$[H^+] > 1.0 \times 10^{-7}$ mol/L $> [OH^-]$

8＿＿＿＿＿：$[H^+] = 1.0 \times 10^{-7}$ mol/L $= [OH^-]$

9＿＿＿＿＿：$[H^+] < 1.0 \times 10^{-7}$ mol/L $< [OH^-]$

B 水素イオン指数 pH

◇pH

10＿＿＿＿＿＿＿＿＿＿＿＿＿＿：水溶液の酸性・塩基性の強弱を表す値

$[H^+] = 1.0 \times 10^{-n}$ mol/L のとき，pH $=$ 11＿＿＿

pH $= 7$ を中心として，pH の値が小さいほど 12＿＿＿＿＿が強い

大きいほど 13＿＿＿＿＿が強い

pH < 7：14＿＿＿＿　　　　pH $= 7$：15＿＿＿＿＿　　　　pH>7：16＿＿＿＿＿

pH	0	1	2	3	4	5	6	7	8	9	10	11	12	13	14
$[H^+]$	1	10^{-1}	10^{-2}	10^{-3}	10^{-4}	10^{-5}	10^{-6}	10^{-7}	10^{-8}	10^{-9}	10^{-10}	10^{-11}	10^{-12}	10^{-13}	10^{-14}
$[OH^-]$	10^{-14}	10^{-13}	10^{-12}	10^{-11}	10^{-10}	10^{-9}	10^{-8}	10^{-7}	10^{-6}	10^{-5}	10^{-4}	10^{-3}	10^{-2}	10^{-1}	1

酸性　　　　　　　　　　　　中性　　　　　　　　　　　　塩基性

💡 「強い酸性」と「強酸」という用語の違いを説明してみよう。

◇酸・塩基の濃度変化と pH

濃度		0.1 mol/L (= mol/L)	0.01 mol/L (= mol/L)	0.001 mol/L (= mol/L)
強酸 HCl	[H⁺]	mol/L	mol/L	mol/L
	pH			
強塩基 NaOH	[OH⁻]	mol/L	mol/L	mol/L
	[H⁺]	mol/L	mol/L	mol/L
	pH			

強酸では，酸の濃度が $\frac{1}{10}$ になると，[H⁺]は 17＿＿＿＿＿＿になる

　→pH は 1 だけ 18＿＿＿＿＿＿＿＿

強塩基では，塩基の濃度が $\frac{1}{10}$ になると，[OH⁻]は 19＿＿＿＿＿になり，[H⁺]は 20＿＿＿＿＿になる

　→pH は 1 だけ 21＿＿＿＿＿＿＿＿

問 5 (1) 22＿＿＿＿＿＿　　(2) 23＿＿＿＿＿＿＿＿

類題1 pH = 24＿＿＿＿＿

類題2 pH = 25＿＿＿＿＿

類題3 (1) 26＿＿＿＿＿＿＿＿＿mol/L　　(2) pH = 27＿＿＿＿＿

28＿＿＿＿＿＿＿＿：水溶液の pH によって特有の色を示す試薬

29＿＿＿＿＿＿＿＿：指示薬が変色する pH の範囲

　[例]　　　　　　　　　変色域　　　　　　　色の変化
　　メチルオレンジ　　　　pH 3.1〜4.4　　　30＿＿＿＿色〜31＿＿＿＿色
　　フェノールフタレイン　pH 8.0〜9.8　　　32＿＿＿＿色〜33＿＿＿＿色

トレーニング

※ 必要に応じて，教科書 p.119 図 12 における[H⁺]と[OH⁻]の関係を用いてよい。

1　[H⁺]，[OH⁻]と pH

次の問いに答えよ。

(1) [H⁺]が $1.0×10^{-2}$ mol/L の水溶液の pH を求めよ。　_____

(2) [H⁺]が $1.0×10^{-10}$ mol/L の水溶液の pH を求めよ。　_____

(3) [OH⁻]が $1.0×10^{-2}$ mol/L の水溶液の pH を求めよ。　_____

(4) [OH⁻]が $1.0×10^{-12}$ mol/L の水溶液の pH を求めよ。　_____

2　強酸・強塩基の濃度と pH

次の問いに答えよ。ただし，電離度はすべて 1 とする。

(1) 0.10 mol/L の塩酸の pH を求めよ。

_____

(2) 0.010 mol/L の塩酸の pH を求めよ。

_____

(3) 0.010 mol/L の水酸化ナトリウム水溶液の pH を求めよ。

_____

(4) 0.050 mol/L の水酸化バリウム水溶液の pH を求めよ。

_____

3　電離度

次の問いに答えよ。

(1) 0.10 mol/L の酢酸 CH_3COOH 水溶液がある。電離度を 0.010 として，水素イオン濃度[H⁺]を求めよ。

_____

(2) 0.010 mol/L のある 1 価の弱酸の水溶液において，[H⁺]を測定すると $1.0×10^{-4}$ mol/L であった。電離度αを求めよ。

_____

(3) 0.10 mol/L のアンモニア水 300 mL 中に存在する水酸化物イオン OH⁻は何 mol か。電離度αは 0.013 とする。

_____

4 電離度と pH

次の問いに答えよ。

(1) 0.040 mol/L の酢酸 CH₃COOH 水溶液がある。電離度αを 0.025 として，水素イオン濃度 [H⁺] と pH を求めよ。

_____

_____

(2) 0.050 mol/L のアンモニア NH₃ 水がある。電離度αを 0.020 として，水素イオン濃度 [H⁺] と pH を求めよ。

_____

_____

(3) 0.040 mol/L のアンモニア NH₃ 水の pH は 11 であった。このときの電離度αを求めよ。

_____

(4) 酢酸 CH₃COOH（分子量 60）1.2 g を水に溶かして 200 mL とした水溶液の pH は 3 であった。この酢酸水溶液の電離度αを求めよ。

_____

4 中和反応と塩　　p.124〜135

月　　日

検印欄

▰A▰ 酸と塩基の反応

◇中和反応

1_____：酸と塩基がたがいの性質を打ち消しあう反応

　　　　　　　　　塩と水が生じる

例：HCl + NaOH ⟶ 2_____

3_____：酸から生じる陰イオンと，塩基から生じる陽イオンからなる物質

問 **6** (1) 4_____

　　 (2) 5_____

　　 (3) 6_____

▰B▰ 塩

◇塩の種類

7_____：酸としての H が残っている塩

8_____：塩基としての OH が残っている塩

9_____：酸としての H も塩基としての OH も残っていない塩

※ これらは，水溶液の酸性・中性・塩基性とは一致しない

分類	塩の例	塩のもとになった酸	塩のもとになった塩基
正塩	NaCl Na_2SO_4 $CuSO_4$		
酸性塩	$NaHCO_3$ $KHSO_3$ $NaHSO_4$		
塩基性塩	$MgCl(OH)$ $CuCl(OH)$		

◇正塩の水溶液の性質

正塩の水溶液の酸性・中性・塩基性は，もとになった酸と塩基の組み合わせにより異なる

・強酸と強塩基の正塩：10＿＿＿＿＿＿

・強酸と弱塩基の正塩：11＿＿＿＿＿＿

・弱酸と強塩基の正塩：12＿＿＿＿＿＿

※ 正塩以外にはあてはまらない

［例］NaHSO₄（酸性塩）

強酸（H_2SO_4）と強塩基（NaOH）の塩 →水溶液は 13＿＿＿＿＿＿

もとの酸	もとの塩基	塩の水溶液の性質
強酸	強塩基	14
		15
弱酸	弱塩基	16
		17

問 **7** (1) 18＿＿＿＿＿＿ (2) 19＿＿＿＿＿＿ (3) 20＿＿＿＿＿＿

◇塩と酸・塩基の反応

弱酸の塩にその弱酸よりも強い酸を加えると，塩の陰イオンと H^+ が結びついて弱酸ができる（弱酸の遊離）

［例］$CH_3COONa + HCl \longrightarrow$ 21＿＿＿＿＿＿＿＿＿＿＿＿＿＿＿

弱塩基の塩にその弱塩基よりも強い塩基を加えると，塩の陽イオンと OH^- が結びついて弱塩基ができる（弱塩基の遊離）

［例］$NH_4Cl + NaOH \longrightarrow$ 22＿＿＿＿＿＿＿＿＿＿＿＿＿＿＿

◼ C ◼ 中和反応と量的関係

23＿＿＿＿＿＿＿＿：酸と塩基が過不足なく反応する点

中和点では 24＿＿＿＿＿＿＿＿＿＿＿＿＿＿ ＝ 25＿＿＿＿＿＿＿＿＿＿＿＿＿＿＿

H^+ や OH^- の物質量は，酸・塩基の物質量と価数から求められるので，

26＿＿＿＿＿＿＿＿＿＿＿＿＿＿＿ ＝ 27＿＿＿＿＿＿＿＿＿＿＿＿＿＿＿＿

中和反応の関係式

濃度 c〔mol/L〕の a 価の酸 V〔L〕と，濃度 c'〔mol/L〕の b 価の塩基 V'〔L〕が過不足なく中和するとき

28＿＿＿＿＿＿＿＿＿＿＿＿＿＿＿＿＿＿＿

類題 **4** (1) 29＿＿＿＿＿＿＿ (2) 30＿＿＿＿＿＿ (3) 31＿＿＿＿＿＿

類題 **5** 32＿＿＿＿＿＿＿＿＿＿

▰ D ▰ 中和滴定

33_____：中和反応の量的関係を利用して，濃度がわからない酸や塩基の水溶液の濃度
を求める操作

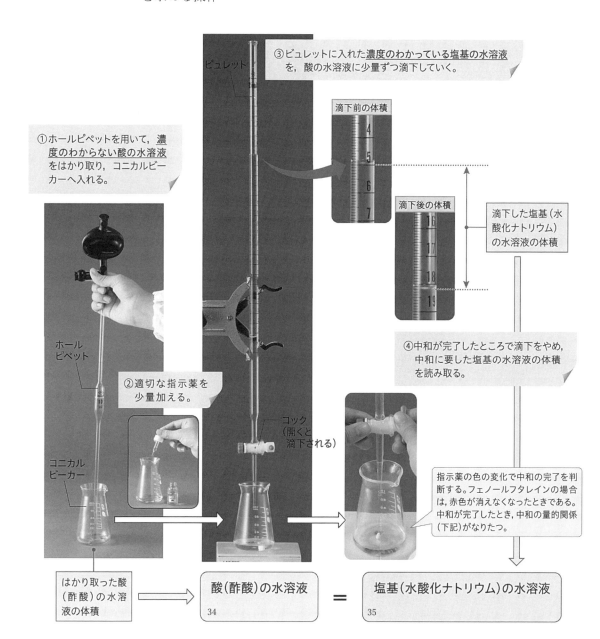

①ホールピペットを用いて，濃度のわからない酸の水溶液をはかり取り，コニカルビーカーへ入れる。

ホールピペット

コニカルビーカー

②適切な指示薬を少量加える。

ビュレット

③ビュレットに入れた濃度のわかっている塩基の水溶液を，酸の水溶液に少量ずつ滴下していく。

滴下前の体積

滴下後の体積

滴下した塩基（水酸化ナトリウム）の水溶液の体積

④中和が完了したところで滴下をやめ，中和に要した塩基の水溶液の体積を読み取る。

コック（開くと滴下される）

指示薬の色の変化で中和の完了を判断する。フェノールフタレインの場合は，赤色が消えなくなったときである。中和が完了したとき，中和の量的関係（下記）がなりたつ。

はかり取った酸（酢酸）の水溶液の体積 ⟹ 酸（酢酸）の水溶液 34 ＝ 塩基（水酸化ナトリウム）の水溶液 35

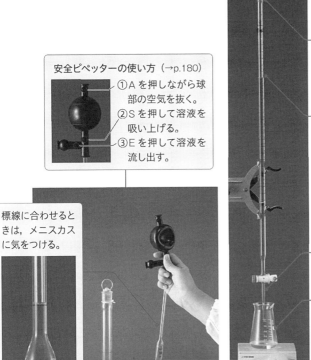

安全ピペッターの使い方（→p.180）
①A を押しながら球部の空気を抜く。
②S を押して溶液を吸い上げる。
③E を押して溶液を流し出す。

標線に合わせるときは，メニスカスに気をつける。

水溶液をビュレットに注ぐときは，すきまを空けながら注ぐ。

滴定前は，液面の底を目盛りに合わせる。0 mL に合わせなくてよい。
滴定後は，目盛りの $\frac{1}{10}$ まで読み取る。

先端まで液を満たしておく（空気が残らないようにする）。

空気

中和点は，指示薬の色が変化した点とする。

スターラー
（溶液をかき混ぜる機器）

○中和滴定で使用する器具

	36	37	38	39
		標線		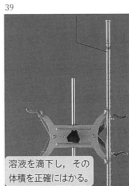
中和滴定での用途	酸と塩基を反応させ，中和を行う。三角フラスコなどで代用できる。	一定濃度の溶液を調製する。	一定体積の溶液を正確にはかり取る。	溶液を滴下し，その体積を正確にはかる。
加熱乾燥してよいか	加熱乾燥してよい。	加熱乾燥してはいけない。加熱すると，ガラスの熱膨張などで体積が狂うため，体積を正確に測定するガラス器具は加熱乾燥できない。		
内部が水でぬれていてよいか	純水での洗浄後，使用前に内部が水でぬれていてもよい。メスフラスコは，後から純水を加えることになる。コニカルビーカーは，溶質の物質量だけが問題となる。		純水での洗浄後，使用前に内部が水でぬれていてはいけない。ぬれたまま使用すると，中に入れる溶液が水でうすまる。このようなときは，中に入れる溶液で数回洗う（共洗い）。	

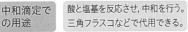

◇滴定曲線

40＿＿＿＿＿＿＿＿：中和滴定において，加えた塩基(または酸)の水溶液の体積と pH の関係を表した曲線

◇中和点と指示薬の選択

中和点を正確に知るには，指示薬の選択が重要である

指示薬は，中和点での pH 変色域と指示薬の 41＿＿＿＿＿＿＿＿が重なるものしか使えない

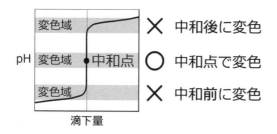

［指示薬の例］

・フェノールフタレイン

変色域：pH 8.0〜9.8　無色〜赤色

→中和点の pH 変色領域が 42＿＿＿＿＿＿＿側の滴定に利用可能

・メチルオレンジ

変色域：pH 3.1〜4.4　赤色〜黄色

→中和点の pH 変色領域が 43＿＿＿＿＿＿＿側の滴定に利用可能

下の四つの滴定曲線を酸・塩基の強弱で分類してみよう。
フェノールフタレインとメチルオレンジの変色域を書き込んでみよう。

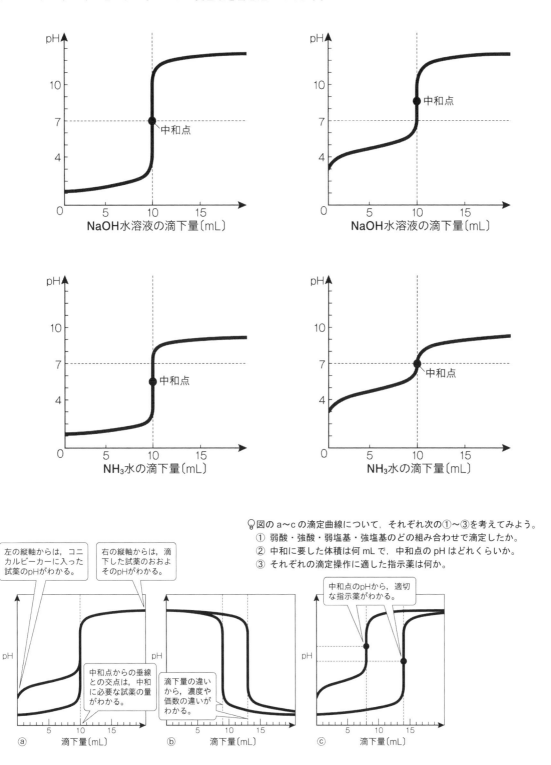

🔍図の a～c の滴定曲線について，それぞれ次の①～③を考えてみよう。
① 弱酸・強酸・弱塩基・強塩基のどの組み合わせで滴定したか。
② 中和に要した体積は何 mL で，中和点の pH はどれくらいか。
③ それぞれの滴定操作に適した指示薬は何か。

左の縦軸からは，コニカルビーカーに入った試薬のpHがわかる。

右の縦軸からは，滴下した試薬のおおよそのpHがわかる。

中和点のpHから，適切な指示薬がわかる。

中和点からの垂線との交点は，中和に必要な試薬の量がわかる。

滴下量の違いから，濃度や価数の違いがわかる。

●Memo●

1 酸化と還元　p.136〜141　　　月　日　検印欄

▰A▰ 酸化・還元

◇酸化・還元の定義

【酸素による定義】

　［例 1］銅を空気中で加熱すると酸化銅（Ⅱ）ができる

$$2Cu + O_2 \longrightarrow 2CuO$$

　［例 2］酸化銅（Ⅱ）に水素を加えて加熱すると銅ができる

$$CuO + H_2 \longrightarrow Cu + H_2O$$

酸化：物質が 1＿＿＿＿＿＿＿＿＿＿反応

還元：物質が 2＿＿＿＿＿＿＿＿＿＿反応

💡 身のまわりにある酸化反応にはどのようなものがあるだろうか。

問 1　(1) 酸化された物質：3＿＿＿＿＿　　還元された物質：4＿＿＿＿＿

　　　(2) 酸化された物質：5＿＿＿＿＿　　還元された物質：6＿＿＿＿＿

　　　(3) 酸化された物質：7＿＿＿＿＿　　還元された物質：8＿＿＿＿＿

💡 教科書 p.136 図 1c の酸化銅（Ⅱ）の還元で生成する水は，どのようにすれば確認できるか。

【水素による定義】

　［例 1］メタンの燃焼反応

💡 教科書 p.137 式〈3〉について，酸素による定義を使うとどうなるか確認してみよう。

$$CH_4 + 2O_2 \longrightarrow CO_2 + 2H_2O$$

　［例 2］硫化水素と塩素が反応すると，硫黄と塩化水素が生成する

$$H_2S + Cl_2 \longrightarrow 2HCl + S$$

酸化：物質が 9＿＿＿＿＿＿＿＿＿反応

還元：物質が 10＿＿＿＿＿＿＿＿＿反応

問 **2** (1) 酸化された物質：11＿＿＿＿＿＿　　還元された物質：12＿＿＿＿＿＿

(2) 酸化された物質：13＿＿＿＿＿＿　　還元された物質：14＿＿＿＿＿＿

(3) 酸化された物質：15＿＿＿＿＿＿　　還元された物質：16＿＿＿＿＿＿

【電子による定義】

［例1］銅が酸化されて酸化銅（Ⅱ）になる反応

💡 なぜ O は O^{2-} となるのか，イオンの生成
（→教科書 p.38）をもとに説明してみよう。

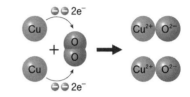

$$2Cu \ + \ O_2 \ \longrightarrow \ 2CuO$$

［例2］銅が塩素と反応して塩化銅（Ⅱ）を生じる反応

$$Cu \ + \ Cl_2 \ \longrightarrow \ CuCl_2$$

酸化：物質が 17＿＿＿＿＿＿＿＿＿＿＿＿＿反応

還元：物質が 18＿＿＿＿＿＿＿＿＿＿＿＿＿反応

酸化と還元の化学反応では，物質間で酸素や水素，電子の授受が起こっている。

→酸化と還元は 19＿＿＿＿＿＿＿＿＿起こる

問 **3** (1) 酸化された原子：20＿＿＿＿＿　　物質：21＿＿＿＿＿

還元された原子：22＿＿＿＿＿　　物質：23＿＿＿＿＿

(2) 酸化された原子：24＿＿＿＿＿　　物質：25＿＿＿＿＿

還元された原子：26＿＿＿＿＿　　物質：27＿＿＿＿＿

(3) 酸化された原子：28＿＿＿＿＿　　物質：29＿＿＿＿＿

還元された原子：30＿＿＿＿＿　　物質：31＿＿＿＿＿

▰ B ▰ 酸化数

◇酸化数とその決め方

32＿＿＿＿＿＿＿：反応する物質の種類にかかわらず，酸化と還元を判断するための数値

酸化数の決め方

	決め方	例
単体	① 単体中の原子の酸化数を 33＿＿＿とする。	$\underline{H}_2$　$\underline{C}$（黒鉛）
化合物	② 化合物中の水素原子Hの酸化数を 34＿＿＿＿，酸素原子Oの酸化数を 35＿＿＿＿とする。	$\underline{H}_2O$　$\underline{H}Cl$　$C\underline{O}_2$
	③ 化合物中の原子の酸化数の総和を 36＿＿＿＿とする。	H_2O　（　　）×2＋（　　）×1＝
イオン	④ 単原子イオンの原子の酸化数は，その 37＿＿＿＿＿＿＿＿に等しい。	$\underline{Cu}^{2+}$　$\underline{Cl}^{-}$　$\underline{Na}^{+}$　$\underline{Ca}^{2+}$
	⑤ 多原子イオン中の原子の酸化数の総和は，その 38＿＿＿＿＿＿＿＿に等しい。	$\underline{O}\,\underline{H}^{-}$　（　　）×1＋（　　）×1＝

(1) 酸化数は，算用数字（±1，±2，…）とローマ数字（±Ⅰ，±Ⅱ，…）のどちらを用いてもよい。また，正の酸化数を示すときは，「＋」の記号を省略せず「＋1，＋2」とする。（「1，2」とはしない。）

(2) イオンや化合物の名称に酸化数を示すときは，酸化銅（Ⅱ）のようにローマ数字を用いる。このとき，＋や－は省略する。

(3) H_2O_2 のような過酸化物（－O－O－結合を含む化合物）では，酸素の酸化数を－1とする。

(4) 化合物中のアルカリ金属の原子の酸化数は＋1，アルカリ土類金属の原子の酸化数は＋2である。

類題**1**　(1) 39＿＿＿＿　　(2) 40＿＿＿＿＿　　(3) 41＿＿＿＿＿　　(4) 42＿＿＿＿＿　　(5) 43＿＿＿＿＿

◇酸化数の変化と酸化・還元

酸化数増加：原子（またはその原子を含む物質）は 44＿＿＿＿＿＿＿＿＿＿＿＿

酸化数減少：原子（またはその原子を含む物質）は 45＿＿＿＿＿＿＿＿＿＿＿＿

$$CuO \quad + \quad H_2 \quad \longrightarrow \quad Cu \quad + \quad H_2O$$

$$H_2S \quad + \quad Cl_2 \quad \longrightarrow \quad 2HCl \quad + \quad S$$

💡 教科書 p.136 の式〈1〉，p.137 の式〈3〉，p.138 の式〈10〉について，酸化数の変化から酸化・還元を説明してみよう。

類題 2 (1) 酸化された原子：46＿＿＿＿＿＿＿＿　　　物質：47＿＿＿＿＿＿＿

　　　　　還元された原子：48＿＿＿＿＿＿＿＿　　　物質：49＿＿＿＿＿＿＿

　　　(2) 酸化された原子：50＿＿＿＿＿＿＿＿　　　物質：51＿＿＿＿＿＿＿

　　　　　還元された原子：52＿＿＿＿＿＿＿＿　　　物質：53＿＿＿＿＿＿＿

　　　(3) 酸化された原子：54＿＿＿＿＿＿＿＿　　　物質：55＿＿＿＿＿＿＿

　　　　　還元された原子：56＿＿＿＿＿＿＿＿　　　物質：57＿＿＿＿＿＿＿

　　　(4) 酸化された原子：58＿＿＿＿＿＿＿＿　　　物質：59＿＿＿＿＿＿＿

　　　　　還元された原子：60＿＿＿＿＿＿＿＿　　　物質：61＿＿＿＿＿＿＿

💡 酸化還元反応の例には，なぜ単体が関係する反応が多いのだろうか。

類題 3　62＿＿＿＿＿＿＿＿

💡 例題 3 (2)は酸化還元反応ではない。では，どのようなタイプの反応か考えてみよう（→教科書 p.126）。

酸化・還元のまとめ

	酸化された	還元された
酸素 O 原子		
水素 H 原子		
電子 e⁻		
酸化数		

2 酸化剤と還元剤 p.142〜147

月 日

検印欄

◤ A ◢ 酸化剤と還元剤

◇酸化剤・還元剤

1＿＿＿＿＿＿：相手を酸化するはたらきのある物質

自身は 2＿＿＿＿＿される

3＿＿＿＿＿＿：相手を還元するはたらきのある物質

自身は 4＿＿＿＿＿される

電子 e^-

A 酸化剤	B 還元剤

AはBを酸化する
＝
AはBによって
還元される

酸化数 減

BはAを還元する
＝
BはAによって
酸化される

酸化数 増

◇酸化剤と還元剤の反応

［例］ナトリウムと塩素を反応させると塩化ナトリウムが生成する

$$2Na \quad + \quad Cl_2 \quad \longrightarrow \quad 2NaCl$$

還元剤の反応：5＿＿＿＿＿＿＿＿＿＿＿＿＿＿＿＿＿＿＿

酸化剤の反応：6＿＿＿＿＿＿＿＿＿＿＿＿＿＿＿＿＿＿＿

◇酸化剤としてはたらく物質

【過マンガン酸カリウム $KMnO_4$】

7＿＿＿＿＿＿＿＿＿＿＿＿＿＿＿＿＿＿＿＿＿＿＿＿

【過酸化水素 H_2O_2】

8＿＿＿＿＿＿＿＿＿＿＿＿＿＿＿＿＿＿＿＿＿＿＿＿

※ 過酸化水素は還元剤としてもはたらく

9＿＿＿＿＿＿＿＿＿＿＿＿＿＿＿＿＿＿＿＿＿＿＿＿

◇還元剤としてはたらく物質

【硫化水素 H_2S】

10＿＿＿＿＿＿＿＿＿＿＿＿＿＿＿＿＿＿＿＿＿＿

【二酸化硫黄 SO_2】

11＿＿＿＿＿＿＿＿＿＿＿＿＿＿＿＿＿＿＿＿＿＿

※　二酸化硫黄は酸化剤としてもはたらく

12＿＿＿＿＿＿＿＿＿＿＿＿＿＿＿＿＿＿＿＿＿＿

💡 H_2O_2 や SO_2 は，酸化剤と還元剤のどちらとしてもはたらくことができる。
この理由を，H_2O_2 の O 原子と SO_2 の S 原子の酸化数から考えてみよう。

◤B◢ 酸化剤・還元剤の量的関係

◇酸化還元反応の化学反応式

【酸化剤・還元剤のはたらきを示すイオン反応式のつくり方】

① 反応物を左辺に，生成物を右辺に書く

② 酸化数の変化から，やりとりした電子を書く

③ 両辺の電荷をそろえる

④ 両辺の原子数をそろえる

上記の手順にそって過マンガン酸カリウムが酸化剤としてはたらくときのイオン反応式を書いてみよう。

① 13＿＿＿＿＿＿＿＿＿＿＿＿＿＿＿＿＿＿＿＿＿

② 14＿＿＿＿＿＿＿＿＿＿＿＿＿＿＿＿＿＿＿＿＿

③ 15＿＿＿＿＿＿＿＿＿＿＿＿＿＿＿＿＿＿＿＿＿

④ 16＿＿＿＿＿＿＿＿＿＿＿＿＿＿＿＿＿＿＿＿＿

💡 ③で電荷をそろえるとき，なぜ水素
イオン H^+ を用いるのだろうか。

💡 教科書 p.144 表 1 から酸化剤と還元剤を一つずつ選び，①〜④の手順をふ
んではたらき方を示す反応式をつくり，表と同じになるか確かめてみよう。

【化学反応式のつくり方】

酸化剤と還元剤のイオン反応式を組み合わせて酸化還元反応の化学反応式をつくる
このとき，

17_____

= 18_____

(1) 酸化剤と還元剤のはたらきを示すイオン反応式を書く

(2) 酸化剤と還元剤の反応式から電子 e⁻ を消去し，イオン反応式をつくる

(3) 省略されていたイオンを両辺に加え，化学反応式にする

上記の手順にそって過マンガン酸カリウムと過酸化水素の反応式を書いてみよう。

(1) 酸化剤 : 19_____

還元剤 : 20_____

(2) 21_____

(3) 22_____

💡 式〈24〉の反応式では，2 mol の MnO_4^- に対して何 mol の電子をやりとりしているだろうか。

問 **4** イオン反応式 : 23_____
化学反応式 : 24_____

問 **5** イオン反応式 : 25_____
化学反応式 : 26_____

問 **6** 27_____

◇酸化還元反応の量的関係

　酸化還元反応が過不足なく進行するとき，やりとりする電子の物質量が等しいので，次の関係
がなりたつ

28＿＿＿＿＿＿＿＿＿＿＿＿＿＿＿＿＿＿＿＿

＝　29＿＿＿＿＿＿＿＿＿＿＿＿＿＿＿＿＿＿

問 7　30＿＿＿＿＿＿＿＿＿＿＿＿＿＿

【酸化還元滴定】

　酸化還元滴定：濃度不明の酸化剤(または還元剤)の濃度を求めるため，31＿＿＿＿＿＿反応
　　　　　　　　の量的関係を利用して行う滴定操作

〔例〕過酸化水素水に含まれる H_2O_2 のモル濃度を，濃度既知の
　　　過マンガン酸カリウム $KMnO_4$ 水溶液から求める。

　　　一定量の過酸化水素水に，ビュレットから $KMnO_4$ 水溶液
　　を滴下していく。

　　　　滴定の途中：滴下した $KMnO_4$ は還元されるので，MnO_4^-
　　　　　　　　　　の 32＿＿＿＿色は消える。

　　　　　終点：MnO_4^- の色が消えなくなる。

　　→終点まで加えた $KMnO_4$ 水溶液の 33＿＿＿＿から，H_2O_2
　　のモル濃度を求めることができる。

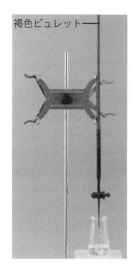

褐色ビュレット

類題 4　34＿＿＿＿＿＿＿＿＿＿＿＿

類題 5　35＿＿＿＿＿＿＿＿＿＿＿＿

3　金属の酸化還元　　p.148〜151　　　　月　　　日

▰A▰　金属のイオン化

◇金属のイオン化と電子のやりとり

マグネシウムを塩酸に浸すと，水素が発生してマグネシウムは溶ける

この反応から，1_____ことがわかる

◇金属と金属イオンの反応

硫酸銅(Ⅱ)水溶液に亜鉛を浸すと，亜鉛の表面に銅が析出し，亜鉛は溶け出す

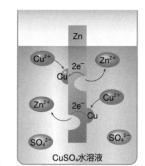

CuSO₄水溶液

※　硫酸亜鉛水溶液に銅を浸しても，変化はない

この反応から，2_____

ことがわかる

3_____：水または水溶液中で金属の単体が金属イオンになる傾向

4_____：金属をイオン化傾向の大きい順に並べたもの

金属のイオン化列を書いてみよう。

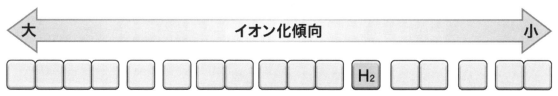

水素は金属ではないが，陽イオンになるので比較のために加えてある。

◢ B ◣ イオン化傾向と金属の反応性

◇金属と空気の反応

イオン化傾向の大きい 5＿＿＿＿＿＿＿＿＿＿＿＿＿＿ などは，常温の乾いた空気中で酸化される

イオン化傾向の小さい 6＿＿＿＿＿＿＿＿＿＿＿＿＿＿＿＿ などは，常温では酸化されにくい

◇金属と水との反応

イオン化傾向の大きい 7＿＿＿＿＿＿＿＿＿＿＿＿＿ などは，常温の水と反応して水酸化物となり，水素が発生する

$$2Na + 2H_2O \longrightarrow {}_8\underline{}$$

9＿＿＿＿＿＿ は常温の水とはほとんど反応しないが，沸騰した水とは反応する

$$Mg + 2H_2O \longrightarrow {}_{10}\underline{}$$

11＿＿＿＿＿＿＿＿＿＿＿＿ は，高温の水蒸気と反応する

$$3Fe + 4H_2O \longrightarrow {}_{12}\underline{}$$

💡 金属と水が反応するとき，水の温度と，反応する金属のイオン化列にはどのような関係があるだろうか。

◇金属と酸との反応

13＿＿＿＿＿＿＿ よりイオン化傾向の大きい金属は，希塩酸や希硫酸と反応して，水素を発生する

　　亜鉛と塩酸の反応　　：14＿＿＿＿＿＿＿＿＿＿＿＿＿＿＿＿＿＿＿＿＿

　　亜鉛と希硫酸の反応：15＿＿＿＿＿＿＿＿＿＿＿＿＿＿＿＿＿＿＿＿＿

💡 希塩酸と反応する金属と反応しない金属がある。この反応性の違いを，イオン化列をもとに説明してみよう。

◇酸化力の強い酸との反応

16＿＿＿＿＿＿＿＿＿は，希塩酸や希硫酸とは反応しないが，酸化力の強い酸とは反応する

　銅と希硝酸の反応　　：17＿＿＿＿＿＿＿＿＿＿＿＿＿＿＿＿＿＿＿＿＿＿＿＿

　銅と濃硝酸の反応　　：18＿＿＿＿＿＿＿＿＿＿＿＿＿＿＿＿＿＿＿＿＿＿＿＿

　銅と熱濃硫酸の反応：19＿＿＿＿＿＿＿＿＿＿＿＿＿＿＿＿＿＿＿＿＿＿＿＿

💡 式〈39〉，〈40〉は，銅が還元剤として $Cu \longrightarrow Cu^{2+} + 2e^-$ のようにはたらき，硝酸が酸化剤として p.144 表 1 のようにはたらいたものである。これらのイオン反応式から，式〈39〉，〈40〉をつくってみよう。

20＿＿＿＿＿＿＿＿は，硝酸や熱濃硫酸とも反応しないが，21＿＿＿＿＿には溶ける

22＿＿＿＿＿＿＿：表面に緻密な酸化物の被膜ができ，それ以上反応しない状態

　　　　　　　　不動態をつくる金属の例：23＿＿＿＿＿＿＿＿＿など

金属のイオン化傾向と反応性をまとめてみよう。

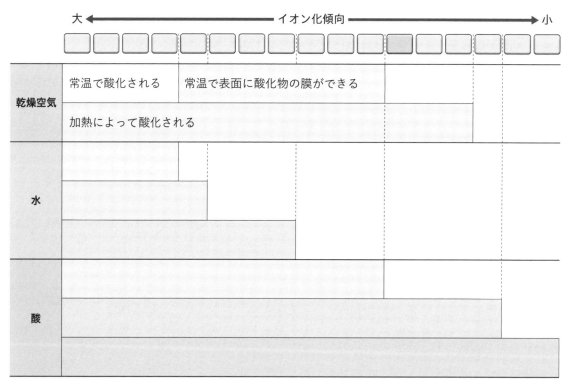

※水素H_2は非金属であるが，陽イオンになるので含めてある。
※鉛 Pb は水素 H_2 よりもイオン化傾向が大きいが，塩酸や希硫酸と難溶性の塩をつくるため，溶けにくい。
※アルミニウムAlや鉄Feなどは，濃硝酸に浸すと不動態を形成し，それ以上反応しなくなる。

4 酸化還元反応の応用 p.152〜163 月 日

検印欄

▰A▰ 電池のしくみ

◇電池のしくみ

1＿＿＿＿＿＿：化学反応によって，化学エネルギーを電気エネルギーとして取り出す装置

電解質溶液中で，酸化反応と還元反応が同時に 2＿＿＿＿＿＿＿＿＿ で起こる

3＿＿＿＿＿＿：外部に電子が流れ出す電極(酸化反応が起こる)

4＿＿＿＿＿＿：外部から電子が流れ込む電極(還元反応が起こる)

5＿＿＿＿＿＿：負極と正極の間に生じる電位差(単位 6＿＿＿＿＿＿＿＿)

電池の原理の図を描いてみよう。

電解質水溶液

◇ダニエル電池

7＿＿＿＿＿＿＿＿＿＿：亜鉛板を浸した硫酸亜鉛水溶液と銅板を浸した硫酸銅(Ⅱ)水溶液を，素
焼き板※などで仕切った電池

※正極と負極にある水溶液が混じるのを防ぐが，イオンの行き来は可能

負極の反応：8＿＿＿＿＿＿＿＿＿＿＿＿＿＿＿＿＿＿＿＿＿＿

正極の反応：9＿＿＿＿＿＿＿＿＿＿＿＿＿＿＿＿＿＿＿＿＿＿

全体の反応：10＿＿＿＿＿＿＿＿＿＿＿＿＿＿＿＿＿＿＿＿＿

ダニエル電池の原理の図を描いてみよう。

💡 ダニエル電池を長時間放電させる
には，硫酸亜鉛水溶液と硫酸銅(Ⅱ)
水溶液のはじめの濃度はどうすれば
よいだろうか。

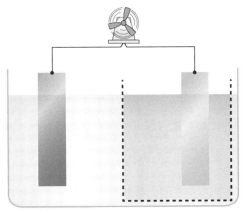

◇実用電池

11_____：外部から放電とは逆向きの電流を流し，起電力を回復させる操作

12_____：充電ができる電池

13_____：充電ができない電池

電池の名称	負極	正極	電解質	起電力	特徴など
マンガン乾電池				1.5 V	［一次電池］古くから利用されてきた乾電池で，小型の電化製品などに用いられる。
アルカリマンガン電池				1.5 V	［一次電池］マンガン乾電池より大きな電流を長時間取り出せる乾電池である。
リチウム電池				3.0 V	［一次電池］起電力が高く，小型・軽量・長寿命でAEDや心臓ペースメーカーなどに用いられる。
酸化銀電池				1.55 V	［一次電池］長く一定の電圧を保ち，軽量である。また，温度変化に強い。腕時計などの精密な電子機器に用いられる。
空気電池				1.35 V	［一次電池］空気中の酸素を用いた電池で，長時間一定の電圧を保つことができる。おもに補聴器に用いられる。
鉛蓄電池				2.0V	［二次電池］充電ができるため，おもに自動車のバッテリーに用いられる。
ニッケル水素電池				1.2 V	［二次電池］安定して大きな電流を取り出すことができる。ハイブリッド車や電気シェーバーなどに用いられる。
リチウムイオン電池				3.6 V	［二次電池］起電力が高く，小型・軽量である。電気自動車やノート型パソコン・スマートフォンなどに用いられる。

14_____：水素 H_2 などの燃料の燃焼によって放出されるエネルギーを，電気エネルギーとして取り出す電池

［例］リン酸形燃料電池　　（－）H_2 | H_3PO_4 aq | O_2（＋）

　　　生成物が水のみで，二酸化炭素を排出せず，環境負荷が小さい

◤B◢ 電気分解

◇電気分解

15＿＿＿＿＿＿＿＿：電流を流して物質を分解すること

16＿＿＿＿＿＿＿＿：電源の正極とつながった極

17＿＿＿＿＿＿＿＿：電源の負極とつながった極

◤C◢ 金属の製錬

18＿＿＿＿＿＿＿＿：金属の酸化物や硫化物を還元し，金属を得る操作

19＿＿＿＿＿＿＿＿：電気分解を利用して，純粋な金属を製造する方法

　　［例］銅の製造：粗銅を陽極，純銅を陰極として硫酸銅（II）$CuSO_4$水溶液を電気分解する

20＿＿＿＿＿＿＿＿：金属の酸化物などの融解物を電気分解して，金属の単体を得る方法

　　［例］アルミニウムの製造：ボーキサイトからアルミナをつくり，それを融解した氷晶石に溶
　　　　　　　　　　　　　　解させ，電気分解する

💡 アルミニウムは，なぜ水溶液の電気分解で得ることができないのだろうか。

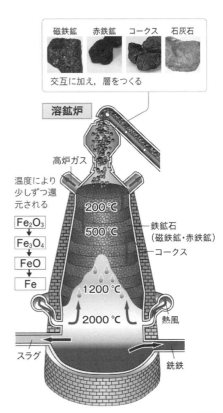

磁鉄鉱　赤鉄鉱　コークス　石灰石

交互に加え，層をつくる

溶鉱炉

高炉ガス

温度により
少しずつ還元される

Fe_2O_3　200 ℃

Fe_3O_4　500 ℃

FeO

Fe　1200 ℃

鉄鉱石
（磁鉄鉱・赤鉄鉱）

コークス

2000 ℃　熱風

スラグ

銑鉄

◇鉄の製造

鉄は，21＿＿＿＿＿＿＿＿＿＿や 22＿＿＿＿＿＿＿＿＿＿な
どの鉄鉱石をコークスによって還元して得られる

鉄の製錬の化学反応式

　　23＿＿＿＿＿＿＿＿＿＿＿＿＿＿＿＿＿

24＿＿＿＿＿＿：溶鉱炉で得られ，約4％の炭素を含むもろ
　　　　　　　　い鉄

25＿＿＿＿＿＿：銑鉄に酸素を吹き込み，炭素の含有量が
　　　　　　　　0.02〜2％となった鉄

●Memo●

年　　組　　番 名前

　各単元の学習を通して，学習内容に対して，どのぐらい理解できたか，どのぐらい粘り強く学習に取り組めたか，○をつけてふり返ってみよう。また，学習を終えて，さらに理解を深めたいことや興味をもったこと，学習のすすめ方で工夫していきたいことなどを書いてみよう。

● 1章1節1項　物質の分類と性質 (p.4)

○学習の理解度	○粘り強く取り組めたか	確認欄
できなかった　1　2　3　4　5　できた	できなかった　1　2　3　4　5　できた	
○学習を終えて，さらに理解を深めたいことや興味をもったこと　など		

● 1章1節2項　物質と元素 (p.6)

○学習の理解度	○粘り強く取り組めたか	確認欄
できなかった　1　2　3　4　5　できた	できなかった　1　2　3　4　5　できた	
○学習を終えて，さらに理解を深めたいことや興味をもったこと　など		

● 1章1節3項　物質の三態と熱運動 (p.8)

○学習の理解度	○粘り強く取り組めたか	確認欄
できなかった　1　2　3　4　5　できた	できなかった　1　2　3　4　5　できた	
○学習を終えて，さらに理解を深めたいことや興味をもったこと　など		

● 1章2節1項　原子の構造 (p.12)

○学習の理解度	○粘り強く取り組めたか	確認欄
できなかった　1　2　3　4　5　できた	できなかった　1　2　3　4　5　できた	
○学習を終えて，さらに理解を深めたいことや興味をもったこと　など		

● 1章2節2項　イオンの生成 (p.16)

○学習の理解度	○粘り強く取り組めたか	確認欄
できなかった　1　2　3　4　5　できた	できなかった　1　2　3　4　5　できた	
○学習を終えて，さらに理解を深めたいことや興味をもったこと　など		

● 1章2節3項　元素の周期表 (p.20)

○学習の理解度	○粘り強く取り組めたか	確認欄
できなかった　1　2　3　4　5　できた	できなかった　1　2　3　4　5　できた	
○学習を終えて，さらに理解を深めたいことや興味をもったこと　など		

● 2章1節1項　イオン結合とイオン結晶 (p.28)

○学習の理解度	○粘り強く取り組めたか	確認欄
できなかった　1　2　3　4　5　できた	できなかった　1　2　3　4　5　できた	
○学習を終えて，さらに理解を深めたいことや興味をもったこと　など		

● 2章1節2項　イオン結合からなる物質 (p.30)

○学習の理解度	○粘り強く取り組めたか	確認欄
できなかった　1　2　3　4　5　できた	できなかった　1　2　3　4　5　できた	
○学習を終えて，さらに理解を深めたいことや興味をもったこと　など		

● 2章2節1項　共有結合と分子 (p.34)

○学習の理解度	○粘り強く取り組めたか	確認欄
できなかった　1　2　3　4　5　できた	できなかった　1　2　3　4　5　できた	
○学習を終えて，さらに理解を深めたいことや興味をもったこと　など		

● 2章2節2項　分子間力と分子結晶 (p.37)

○学習の理解度	○粘り強く取り組めたか	確認欄
できなかった　1　2　3　4　5　できた	できなかった　1　2　3　4　5　できた	
○学習を終えて，さらに理解を深めたいことや興味をもったこと　など		

● 2章2節3項　共有結合からなる物質 (p.40)

○学習の理解度	○粘り強く取り組めたか	確認欄
できなかった　1　2　3　4　5　できた	できなかった　1　2　3　4　5　できた	
○学習を終えて，さらに理解を深めたいことや興味をもったこと　など		

● 2章3節1項　金属結合と金属結晶 (p.44)

○学習の理解度	○粘り強く取り組めたか	確認欄
できなかった　1　2　3　4　5　できた	できなかった　1　2　3　4　5　できた	
○学習を終えて，さらに理解を深めたいことや興味をもったこと　など		

● 2章3節2項　金属 (p.44)

○学習の理解度	○粘り強く取り組めたか	確認欄
できなかった　1　2　3　4　5　できた	できなかった　1　2　3　4　5　できた	
○学習を終えて，さらに理解を深めたいことや興味をもったこと　など		

● 2章4節1項　結晶の分類（p.46）

○学習の理解度 できなかった　**1**　**2**　**3**　**4**　**5**　できた	○粘り強く取り組めたか できなかった　**1**　**2**　**3**　**4**　**5**　できた	確認欄
○学習を終えて，さらに理解を深めたいことや興味をもったこと　など		

● 2章4節2項　化学結合と身のまわりの物質（p.48）

○学習の理解度 できなかった　**1**　**2**　**3**　**4**　**5**　できた	○粘り強く取り組めたか できなかった　**1**　**2**　**3**　**4**　**5**　できた	確認欄
○学習を終えて，さらに理解を深めたいことや興味をもったこと　など		

● 3章1節1項　原子量と分子量・式量（p.54）

○学習の理解度 できなかった　**1**　**2**　**3**　**4**　**5**　できた	○粘り強く取り組めたか できなかった　**1**　**2**　**3**　**4**　**5**　できた	確認欄
○学習を終えて，さらに理解を深めたいことや興味をもったこと　など		

● 3章1節2項　物質量（p.56）

○学習の理解度 できなかった　**1**　**2**　**3**　**4**　**5**　できた	○粘り強く取り組めたか できなかった　**1**　**2**　**3**　**4**　**5**　できた	確認欄
○学習を終えて，さらに理解を深めたいことや興味をもったこと　など		

● 3章1節3項　溶液の濃度（p.66）

○学習の理解度 できなかった　**1**　**2**　**3**　**4**　**5**　できた	○粘り強く取り組めたか できなかった　**1**　**2**　**3**　**4**　**5**　できた	確認欄
○学習を終えて，さらに理解を深めたいことや興味をもったこと　など		

● 3章1節4項　化学反応式（p.70）

○学習の理解度 できなかった　**1**　**2**　**3**　**4**　**5**　できた	○粘り強く取り組めたか できなかった　**1**　**2**　**3**　**4**　**5**　できた	確認欄
○学習を終えて，さらに理解を深めたいことや興味をもったこと　など		

● 3章2節1項　酸と塩基（p.76）

○学習の理解度 できなかった　**1**　**2**　**3**　**4**　**5**　できた	○粘り強く取り組めたか できなかった　**1**　**2**　**3**　**4**　**5**　できた	確認欄
○学習を終えて，さらに理解を深めたいことや興味をもったこと　など		

● 3章2節2項　酸と塩基の分類（p.78）

○学習の理解度	○粘り強く取り組めたか	確認欄
できなかった 1　2　3　4　5 できた	できなかった 1　2　3　4　5 できた	
○学習を終えて，さらに理解を深めたいことや興味をもったこと　など		

● 3章2節3項　水素イオン濃度とpH（p.80）

○学習の理解度	○粘り強く取り組めたか	確認欄
できなかった 1　2　3　4　5 できた	できなかった 1　2　3　4　5 できた	
○学習を終えて，さらに理解を深めたいことや興味をもったこと　など		

● 3章2節4項　中和反応と塩（p.84）

○学習の理解度	○粘り強く取り組めたか	確認欄
できなかった 1　2　3　4　5 できた	できなかった 1　2　3　4　5 できた	
○学習を終えて，さらに理解を深めたいことや興味をもったこと　など		

● 3章3節1項　酸化と還元（p.92）

○学習の理解度	○粘り強く取り組めたか	確認欄
できなかった 1　2　3　4　5 できた	できなかった 1　2　3　4　5 できた	
○学習を終えて，さらに理解を深めたいことや興味をもったこと　など		

● 3章3節2項　酸化剤と還元剤（p.96）

○学習の理解度	○粘り強く取り組めたか	確認欄
できなかった 1　2　3　4　5 できた	できなかった 1　2　3　4　5 できた	
○学習を終えて，さらに理解を深めたいことや興味をもったこと　など		

● 3章3節3項　金属の酸化還元（p.100）

○学習の理解度	○粘り強く取り組めたか	確認欄
できなかった 1　2　3　4　5 できた	できなかった 1　2　3　4　5 できた	
○学習を終えて，さらに理解を深めたいことや興味をもったこと　など		

● 3章3節4項　酸化還元反応の応用（p.103）

○学習の理解度	○粘り強く取り組めたか	確認欄
できなかった 1　2　3　4　5 できた	できなかった 1　2　3　4　5 できた	
○学習を終えて，さらに理解を深めたいことや興味をもったこと　など		

計算問題の解答

化学基礎エブリィノート
授業のまとめ

表紙デザイン アトリエ小びん　佐藤志帆

●編　者 − 実教出版編修部

●発行者 − 小田　良次

●印刷所 − 大日本印刷株式会社

●発行所 − 実教出版株式会社

〒102-8377
東京都千代田区五番町 5
電話　〈営業〉（03）3238-7777
　　　〈編修〉（03）3238-7781
　　　〈総務〉（03）3238-7700
https://www.jikkyo.co.jp/

002302022②　　　　　　　　ISBN　978-4-407-35168-2

実教出版株式会社

本書は植物油を使ったインキおよび再生紙を使用しています。

ISBN978-4-407-35168-2
C7043　¥200E
定価220円（本体200円）

9784407351682

1927043002000

本書の略解PDFをWebサイトからダウンロードできます。
下のURLに直接またはQRコードからアクセスしてご利用ください。
https://www.jikkyo.co.jp/pdf/kagaku.pdf
※コンテンツ使用料は発生しませんが，通信料は自己負担となります。
※QRコードは㈱デンソーウェーブの登録商標です。

（化基 704）化学基礎エブリィノート　授業のまとめ

1章　物質の構成

1－1	1－2	1－3	2－1	2－2	2－3		

2章　物質と化学結合

1－1	1－2	2－1	2－2	2－3	3－1	3－2	4－1	4－2

3章　物質の変化

1－1	1－2	1－3	1－4	2－1	2－

3－2	3－3	3－4			

年　　　　組　　　　番　名前

高校物理基礎

エブリィノート

授業のまとめ　教科書 物基704 準拠　新課程版

文部科学省検定済教科書
7 実教 物基704
高等学校理科用

Physics

高校
物理
基礎

"Mathematics is the language in which God has written the universe."

Galileo Galilei

"If I have seen further it is by standing on the shoulders of Giants."

Isaac Newton

PHYSICS

実教出版

本書の使い方

　本書は実教出版の高等学校理科用文部科学省検定済教科書『高校物理基礎』(物基 704)に完全準拠したノート教材です。教科書の文章を穴埋め形式とし，授業ノートの代わりとして使用できるようにしました。また，問や例題の数値を変更した類題を解くことで，学習内容を定着できるように配慮しました。